學習行銷人的思考品味

內耗到底，
還是「不夠好」

策略顧問／企業輔導顧問
山本大平 著

楓葉社

前言——這是一個很難取得成果的世界

請各位試著想像一下，
那種會讓你覺得「以後不想變成那樣」
在工作上毫無成果的主管模樣。

● 說話過於抽象，說到最後仍然無法傳達出想說的話。

● 無視顧客的聲音和正在發生的事態，一味地追求自己的理想。

● 只會賣弄知識和技術，用閒談和過去的英勇事蹟來拖長會議時間。

● 沒有取得任何成果，卻總是抱怨他人的提議，還會脫口而出「我討厭正論」。

● 會試圖轉移論點，甚至扭曲他人說的話。

● 只顧著討好身邊的人或替旁人加油，拚命地提高自己的聲譽。

應該是這樣對吧？

避免各位誤會事先聲明一下，這本書的內容並不是在罵主管。

那為什麼要問各位「不想成為什麼樣的主管」呢？

這是因為，先前列舉的主管形象，可能就是各位未來的樣子。

雖說如此，

也有可能
幾乎所有的上班族
都已經正在朝著這個將來前進。

原因很簡單，畢竟成功公式已經與過去不同。

剛才列舉的那種主管可能也是努力地閱讀商業書籍，或是接受前輩指導的同時，思考要怎麼做才能取得成果。

然而，

打從一開始
「取得成果的努力（付出勞力的出發點）」
就是錯誤的想法，
即便做了再多的工作也不會有效果。

至今為止，獲得成功的公式是

知識×專業技能×溝通能力。

但是，如今我們**正在進入一個僅有知識也無法順利前進的社會。今後是智慧的時代。**

這是因為，由於科技技術的發展，在當今的社會很容易就能取得知識和資訊。

以下舉個例子來說明。

雖然有點突然，想請問各位，亞美尼亞的總人口是多少呢？

在得到答案前，請不要翻開下一頁。

亞美尼亞的總人口數約為300萬人。

各位是如何得到這個答案的呢？

我想大部分的人應該都是透過網路查詢。

剛剛讓大家體驗的是，
任何人都可以在「最短的時間內」獲得「正確知識」的

「危機感」

網路是解決問題的常見方法。
如果沒有網路，可能需要好幾天的時間才可以得到300萬這個數字。

◎將來在思考層面，人類將會被機器取代

舉一個簡單的例子，如果是英語筆譯的工作，在沒有Google翻譯的世界，會英語的人是寶貴的人才。然而隨著翻譯工具的出現，任何人都可以將母語翻譯成英語。**當年被認為是了不起的事情，之後也會也會變得「理所當然＝普通」。**

現在就是那樣的世界。

這種情況並不僅侷限於知識，現今已經建立了無論是誰都能夠輕易獲得高品質訊息的環境，可以說，技術和手段也會趨於平均化。

如果解決問題的方法變得普遍是理所當然的事情，那要從平均水準中脫穎而出會更加困難。

也就是說，**單純以解決問題方法的繁瑣程度和解決問題的模式來競爭，很難超**

越眾多競爭者。

一般常說的「被機器取代」不僅是指作業層面，還包括思考層面。簡單來說，事到如今只是一如既往地快速捕捉最新訊息、努力學習技術，也無法更靠近成功。

◎取得成果所必須的「行銷視角」

回到取得成果公式的話題，我認為，現在的成功公式是：

知識×技術×溝通能力×行銷視角

行銷視角大致可分為：

對事物的看法

獲取訊息的方法

訊息的判別方法

還有**戰鬥方式**。

行銷就是在工作上活用這些技巧的職業。

雖稱為行銷，但這個工作既不需要舉辦說明調查、分析方法的研討會，以及列舉許多難懂的英語和數字，也不需要自稱是「○○行銷人員」。

最近社會上使用的行銷一詞，給人的印象是為了提高工作效率，例如CPM（Cost Per Mille 每千次成本）翻了○・○倍。尤其是在網路行銷領域，「效率化」的工作大多都會稱為「○○行銷」。

真正的行銷人會**透過自身的經驗注意市場需求，親自去獲取訊息，確定戰場在哪裡，並推動市場的發展。**

使數據效率化終究只是改善，並不是大力刺激市場運作。

在人類的知識和技術的知識量都已經固定化的現在，更加重視這種真正的行銷視角。

即便是至今已經閱讀了許多商業書籍和經濟報刊，擁有大量知識和技術，能夠有擁有這種靈活視角的人依然不多。

原因之一是，對本書開頭列舉的「不想成為的主管模樣」產生共鳴的人並不在少數。

之所以會產生共鳴，可能是代表有許多人並不具備「行銷視角」。

本書介紹了一些
為了超越平均分數
所必須的「行銷視角」。

各位並不需要擁有特別的才能，
請先閱讀這本書，
了解自己有哪裡不足，
思考自己現在應該做什麼。

接下來請容我唐突地介紹一下我的經歷。

我以應屆畢業生的身分進入TOYOTA汽車，開啟了新車型開發工程師的職業生涯，離職後下一間任職的公司是TBS電視臺。

之後我在外商企業顧問公司等公司累積經驗，目前經營一間名為F6 Design，專門從事行銷領域的企業管理顧問公司。

回顧迄今為止的經歷，我發現從始自終我都會注意「行銷視角」。

在制定策略或戰術方案時，從來不會無略現場視角，例如「企業就應該怎麼做」、「這樣做顧客一定會開心」，而是會經常以現場視角洞察一切事物，絕對不會說「這很正常」、「這不是常識嗎」，會將重點放在「正論」（後面會詳細解釋）上。

這裡所說的「現場視角」就是所謂的「**顧客視角**」。

在汽車開發方面，我負責「LEXUS」和「Corolla」的內裝模組。當時我與同事一起以顧客視角進行開發，例如製作了減輕疲勞感的汽車座椅、降低汽車行進中的車內噪音，以及實現「如果有這種功能就好了」的想法（像是安裝USB連接器）等。簡單來說，就是產品行銷。希望顧客會喜歡，不想讓顧客感到擔憂，一心一意地專注於汽車開發。

另一方面，我在TBS電視臺參與許多熱門節目的行銷工作，例如《日曜劇場》、《極限體能王SASUKE》、《日本唱片大獎》等。以《極限體能王SASUKE》為例，在我參與這個節目時，「日本已經厭倦這種節目」的氣氛已經滲透到公司內。我與製作人合作，根據分析結果發現《極限體能王SASUKE》的潛在客群，因此我們制定幾個針對這一階層的推廣措施。最後，成功將觀眾從老年人轉變為年輕人（當然，主要還是因為節目內容精采）。

《日本唱片大獎》也有一件讓我記憶猶新的事情。當時正值休息日，我在下北澤的星巴克從開店坐到關門，從整體的演出者到歌手的演唱順序，一邊喝咖啡一邊制定策略。舉一個簡單的例子，我甚至調查孩子上床睡覺的時間，從統計學上分析，要讓當時流行的《妖怪手錶》放在哪個時段登場，才能將整體收視率提高。幸運的是，收視率超過15％，從節目開始到結束的圖表也顯示，相較其他電視臺，TBS的收視率最高。

在我離開TBS電視臺後，還在《半澤直樹第2季》播出後負責擬定宣傳政策（準確來說，是製作人突然聯繫我「幫忙想個辦法」），我草擬了可以利用行銷能力做的事情，並接受製作人的諮詢。當然，這些我都沒有收費（笑）。

我現在經營的公司，基本上也是用這個視角來看待事物。

雖然敝公司標榜是一家行銷顧問公司，但總歸來說，我們始終堅持「**以顧客的視角思考**」。無論是產品、宣傳還是經營諮詢，全部都專注於「**終端使用者的想法**」。

我認為，如果能夠掌握「**顧客視角至上思考法**」的基本原理，以此來制定策略，**任何人都可以做到刺激市場（推動市場），也就是做到行銷這件事**。之所以會這麼說，因為就連如此平凡的我都做得到。

最後，我得出的結論是，這裡說的行銷就是商業活動本身（不過我和敝公司至今仍在學習）。

◎ 本書的構成

為了盡量讓更多人掌握這本書的內容，本書在撰寫時，分為故事和解說（STUDY）兩部分。

相信有許多人都跟我年輕的時候一樣，買了商業書籍，但因為內容大多都有點艱澀，能夠整本看完的書意外地少。因此，我根據自身的經驗，在撰寫這本書商業書時**格外重視「一讀就懂」**。

再加上這次還特別提到了行銷這一專業性的話題，**為了讓工作與行銷無關的人也能夠產生興趣，編寫了小故事，以此加入顧客的視角。**

當然，本書並不是小說，歸根究柢還是以在商場能夠派上用場的角度來書寫，因此故事的目的會在解說的部分進行說明。

希望各位能夠透過本書，了解上述所謂的行銷視角，以及為什麼這是工作上最為需要的視角。

接下來要介紹的內容是，簡單彙整了只要滿足「某個條件」，任何人都可以實踐的方法，**希望可以減少努力後依然毫無成果，認為自己沒有才能進而放棄的人。**

不僅是分配到與行銷有關部門的社會新鮮人，這本書還有收錄對於其他部門的人來說也能在其工作中取得優良成果的重要內容。

相信對於那些已經習慣新環境，努力彌補自身不足，認真工作，但卻苦於沒有取得顯著成果的人，也將會在本書得到關鍵的收穫。

我的目標是讓更多人**做出正確的努力，以自己為起點獲得成功。**

山本 大平

目錄

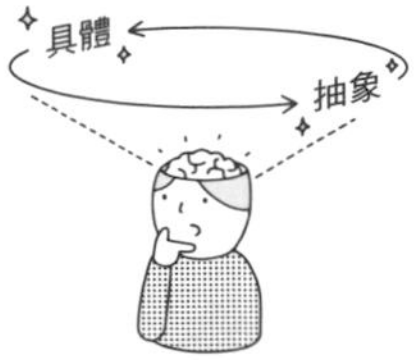

LESSON 2

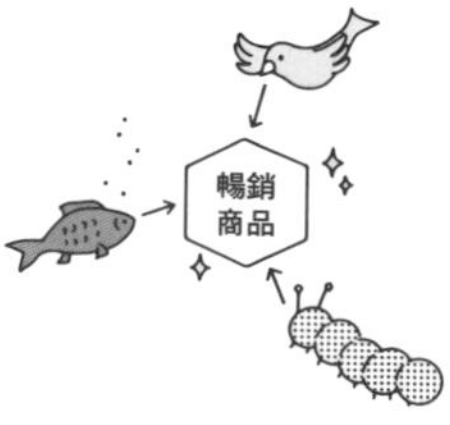

LESSON 3

LESSON 4

LESSON 5

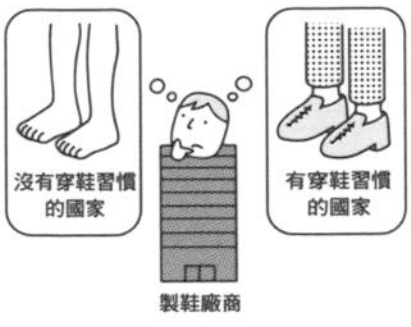

LESSON 6

LESSON 7

INTRODUCTION

推動市場的
重要能力之一

在序章中，將要向各位介紹行銷需要的才能和敏感度。
各位是否有過，覺得自己沒有才能也沒有敏感度，進而放棄某件事的經驗呢？
也許那只是「不知道自己不知道」的狀態。在放棄之前，請先了解自己腦中所想的才能和敏感度。

這個故事的主角相川達也在一家食品大公司「TOKAI食品」工作。他被分配到商品企劃部已經3年，是一個煩惱很多的行銷人員，應該說他是行銷部門的主要員工之一。

對於企劃沒有通過，自己的點子從未被採納，達也相當煩惱，想要設法解決這個困境。他也很擔心，如果繼續這樣走一步算一步……可能會對自己失去信心。他愈想愈覺得自己非常渺小。

第1次見面的清潔歐吉桑好像要檢舉我！幫幫我！

你問發生了什麼事？

說來話長……算了，還是告訴你好了。

時間回到15分鐘前，我當時心情很沮喪。今天是商品企劃部的新商品比稿，我還以為這次會獲選，結果我花費私人時間、使出渾身解數所寫的企劃書，評論欄上的文字卻如夏天的暴風雨一樣讓人狼狽不堪。

「缺乏洞察力」

「缺乏說服力」

「原因分析缺乏深度」

「缺乏創新」

「視角似曾相似」

「看不出是要賣給誰」

「缺乏遠見」

好像也不是說非常糟糕，但我的心情很差。

從小唸書得到的評價也是「平凡」，成績單的評語欄總是寫著「多展現自己的個性」、「珍惜屬於自己的風格」。老師，過了10年以上我依然記得您的教誨喔！

就算現在已經長大成人，每天依然過著被同期生超越，努力也不會得到回報的日子。如果繼續這樣走一步算一步……光是想一想，我都覺得害怕。

「達也，只要努力就會成功。」

腦中浮現主管說的話，但事情哪有這麼簡單？

「必須以『正確』的方法，付出『適量』的努力。」

我全力以赴，完全沒有偷懶。明明都照著課本上教的內容做了，為什麼沒有獲得任何成果啊？結果工作其實還是得求神拜佛嗎？

因為覺得委屈、悲慘和焦慮，不由自主地用力握住在手中捲成一束的企劃書。企劃書變得有點皺，但反正最後都要放入絞碎機絞碎所以就算了。

為了安慰沮喪的自己，我走向休息室打算買經常喝的咖啡。

我喝的這牌咖啡，對外宣傳的廣告標語是：

「普通的美味」

因為每天都會看到，就記住了。這句話治癒了我那像是解凍失敗的冷凍米飯般的殘破內心。我邊想著，邊站在自動販賣機前按下熟悉的按鈕。感覺喝這個咖啡，就好像自己得到肯定一樣。

普通就是最棒的，普通的美味，**普通有什麼不好**？我心想，同時彎身從取物口拿出罐裝咖啡。

「不再普通，特別的美味」

看到罐裝咖啡上寫著這句話，我差點將這個鐵罐握爛。「你這個背叛者！」口中說著這句話，我拉開拉環。不知道是不是太過用力，咖啡濺到了拇指。

「好燙！」當我正情緒低落、自暴自棄的時候，因為受到痛覺的刺激而突然回過神，有種想哭的衝動。

就、就連罐裝咖啡都不再認可我了嗎？「普通」有什麼不可以。罐裝咖啡啊，你不用改變，跟我一樣普通吧。

普通是什麼呢？普通是我，我就是普通。喝著咖啡，我腦中想著這種事。

如果我當了日本國會的議員，我一定會讓「普通不可以嗎？」這句話成為大街小巷的流行用語。「不就是做自己嗎？普通不可以嗎？」。

……我知道，你一定覺得很無聊。我懂，我一點都不有趣，沒有工作能力，也沒有什麼特長和興趣。我就是這麼無聊的人，可惡！

大家經常對我說「你很努力」，這是在嘲笑我嗎？很努力卻沒有取得成果的樣子，對那些成功的人來說應該非常好笑吧！肯定是在嘲笑我！

我兩隻手抓住自動販賣機，咖搭咖搭地搖晃，雖然自動販賣機紋絲不動。

「要怎麼樣才能夠成長呢？我有才能嗎？如果有的話就出來啊！」

我不自覺地喊出自己的煩惱和憤怒。

「出來啊！」

唉……像個神經病一樣，我到底在幹嘛？當我正因為自己的悲慘而沮喪時，聽到一個聲音。

「喂喂？警察局嗎？我遇到零錢小偷，他一邊大喊『錢出來啊！』一邊像是要弄壞自動販賣機的樣子……」

哪裡有那種小偷……？是我剛剛做的事——邊搖著自動販機邊喊「出來啊！」……完全就是在說我。

這就是15分鐘前發生的事。

我朝著聲音的方向走去，那裡站著一個穿著工作服的清潔工歐吉桑正在講電話。聲音的主人似乎就是這位歐吉桑。

總之為了解開誤會，我先和那位歐吉桑搭話。

「那個……剛剛那個不是說錢出來，而是那個……對自己的才能……」

我在對初次見面的人說什麼呢！

「那個人越看越奇怪，他看起來沒什麼危險，我直接帶他去派出所。」

歐吉桑對著電話這麼說。

「真的不是！我是這裡的員工！」說完這句話，我拿出員工證給他看。

比起我的員工證，歐吉桑反而盯著捲在我腋下的企劃書。接著他對著電話說完「啊……警察先生抱歉，是我誤會了，打擾您了」這句話後就掛掉電話。

得救了……嗎？

「抱歉，造成誤會。」我率先道歉。

「不會，是我搞錯了，抱歉。」歐吉桑這麼回答。

「我才是，做了那種會讓人誤會的行為……」

「所以這位小哥，你是想叫什麼東西出來？」

我和歐吉桑說了原因。

「想要擺脫普通啊……**你是因為普通造成了什麼煩惱嗎？**」歐吉桑提出疑問。

「因為普通的企劃案無法通過比稿。」我不自覺地說出真心話。

「是自卑感啊。」

聽到歐吉桑說的話，我皺起眉頭。我討厭奇怪的說教，想要趁他說「我年輕的時候」之前逃走。

結果歐吉桑說了這句話。

「小哥，你現在是進公司後企劃部工作的第３年了吧？」

從陌生人聽到這句話我著實嚇了一跳。

「為什麼您會這麼覺得？」畢竟我剛剛說了比稿，讓他猜到我在企劃部，但是進公司第３年是怎麼知道的？

「因為看到這個。」

歐吉桑說著，指著我的西裝袖子。

「這套西裝的尺寸不合身對吧？營業部不允許穿不合身的西裝，這樣看來，應該是平時不穿西裝的部別。但經常忘記拿找零的小哥，應該不會是管理部或會計部。」

歐吉桑邊說邊把販賣機找的零錢拿給我。糟糕！忘記拿剛剛買咖啡找的零錢了。

「企劃部必須具備像這樣**分析他人的行銷能力**。與是否普通無關，是要懂得看事物的方法。然後從塞在口袋的錢包、鞋子和隨身攜帶的物品推測，小哥的月薪大概就是這個程度，所以才會想說你應該是進入公司３年左右。」

什麼啊？這個歐吉桑！對著初次見面的人竟然能夠讀取、推測到這麼多訊息？我有點激動。

我在書上看過，好像是叫「人格分析」？沒想真的有人能夠做到。正當我激動時，歐吉桑又說了這句話。

「我隨便講講的，其實是剛才看到你的員工證背面有寫進入公司的年份。

TOKAI食品股份有限公司，商品企劃部2018年入職。」

我看了看自己的員工證背面，確實放著一張用麥克筆寫著「2018年入職」的卡片。我把在公司活動時使用的那張卡片放進去後就沒再理它了。

這不是歐吉桑的能力啊……什麼啊，感覺被騙了。所以像剛才歐吉桑做的那種人格分析，或是我一直在學習的「市場分析」和「NPS（Net Promoter Score，淨推薦指數）」其實都沒有幫助嗎？

企劃果然還是要靠「運氣」嗎？還是回去工作好了。

「我要回去了，對普通的我來說，既做不好行銷，也無法盡情地在企劃部發揮。」

「等、等一下！我們來聊聊罐裝咖啡。」

「啊，你是說『不普通』的咖啡吧？請別提那個話題。」我說的時候看了一眼自動販賣機那邊。

「你對罐裝咖啡也有什麼怨恨嗎？」歐吉桑說這句話的同時，將目光轉向和我一樣

的方向，他接著說「對了」，手指指向自動販賣機罐裝咖啡那一帶，對我提出疑問。

「**小哥喝的這個罐裝咖啡，你覺得為什麼會放在自動販賣機這個位置？**」

罐裝咖啡放在3層商品中的最下層。

「為什麼罐裝咖啡放在最下面？」不就是因為買家一眼就能看到嗎？

「對，不是最上面也不是中間，而是最下面的原因。」歐吉桑回答。

「因為是離投幣孔最近的地方，所以很顯眼……嗎？」因為是在書中看到的內容，我應該要有自信才對，但最後卻用問號結束。這是我對自己沒有自信的證據。

「這也是其中一個原因。換個話題，如果我聽不清小哥說什麼，你會怎麼做？」

為什麼突然問這個？這個話題也差太多了吧？還是快點回去好了。我一邊走向出口一邊回答。

「講大聲一點，或是離你近一點。」

「你這不是做得很好嗎，行銷工作！」歐吉桑看著我的眼睛說。

這個人是在說什麼？

「行銷不就是溝通嗎？」我這麼回歐吉桑。

「你說的沒錯，小哥不是可以和我這樣溝通嗎？**行銷就像我們現在做的一樣，將人與人之間的交流形成一個市場而已。**」

「你可以做到行銷。」

聽到歐吉桑的話，我抬起頭，難道這個歐吉桑已經看穿我了……？

到目前為止的煩躁和不安，並沒有完全在這一瞬間煙消雲散，不過我的心情稍微放鬆了一點。

「任何人都能夠做到行銷，就連打掃的歐吉桑也可以。」

誰都可以？真的嗎？

歐吉桑笑著說「**讓我告訴你怎麼在企劃部嶄露頭角的方法吧。**」

難道這個歐吉桑是我們公司什麼了不起的人物嗎？就像偶像團體的試鏡一樣，為了無預兆地突襲職員偽裝成清潔工……之類的。

「難道說你是什麼了不起的人嗎？」我想也沒想地問出口。

歐吉桑「嗯」的一聲，點點頭。果然如此！糟糕，如果知道他的真實身分不就會被降級？不過我本來就在下層，根本沒有往下的空間。不，這一點都不好笑！

歐吉桑接著聳了聳肩說「以前的事了」，然後繼續說。

「不過現在只是個清掃歐吉桑。公司這種地方嘛，**即是『努力』的方向和方法不對，也不會有人告訴你**，畢竟每個人認知中的正確都不同。

無論是答案還是解決問題的方法，如果淹沒在不知道自身目標方向的海中，想必很痛苦吧？我想要幫助這樣的年輕人。」

歐吉桑看著我拿著的那份有點皺的企劃書說了這些話。

果然是個了不起的人。沒辦法問他是做什麼的，但看起來不是在我們公司的工作。

「小哥，你明明還年輕，卻想著『以後該怎麼辦』對吧？現在才剛開始喔！我來教你。」

歐吉桑的話讓我深受感動，連主管都沒有對我說過這種話。不如說，我從來沒有像這樣向他人說過自己的想法。

但這種連在哪做什麼事都不知道的人可以相信嗎？也不知道是否符合規定……

「『但是真的可以向這個歐吉桑討論公司或是煩惱的事情嗎？』你現在應該是這麼想的吧？沒關係喔！我和這裡的老闆是熟人，從幼稚園就認識了。」

他好像完全看穿了我的想法。我稍微把視線從歐吉桑身上移開，一邊思考。

想起剛剛他說的話。

「與市場的溝通」

儘管書籍和研討會教了我困難的市場分析方法，但好像沒聽說過這種根本性想法。

如果和這位歐吉桑聊一聊，說不定下次的比稿就能夠獲選。

然後普通的我就會轉變。

我懷著這樣的期待，一邊撫平企劃書上的皺摺一邊說。

「那就請清掃歐吉桑教我一些關於行銷的知識。」

我決定試著相信沒能找到自我的自己，還有原本想要報警抓我，現在為了讓我在企劃部大顯身手而打算幫助我的歐吉桑。

看到對面大樓的大型螢幕上正在播放廣告，是那個背叛我的咖啡。

『不再普通，特別的美味。』

STUDY

◎ 進入大市場

在說明行銷前，我想先談談個人的才能和敏感度，以及掌握的方法。

才能是什麼？

是把一件事順利完成的優秀能力。

敏感度是什麼？

是感受事物微妙之處的能力、判斷力以及感覺。

真的是這樣嗎？

各位應該有過，口中說著「我沒有才能和敏感度」而沒有理解這句話真正含意，僅僅是因為不盡人意就脫口而出當作藉口，並讓自己思考停頓的時候吧？

才能和敏感度的本質，不就是**對自己所面對的每件事思考得多深入嗎？**

並不是說擁有大量知識就沒問題，重要的是自己對於那個訊息思考到什麼程度、是否能夠活用。

談到行銷的才能和敏感度時，需要的並不是特別的能力，最重要根本條件其實是**有沒有真正了解所謂的「普通」。**

擁有普通人的感覺，是行銷首要的必要資質。為什麼會這麼說呢？這是因為，市場的中心，也就是**參數最多的部分**就是大眾。

那為什麼行銷必須了解「普通」和「一般人的感受」呢？

這裡試著分解、思考行銷這一詞彙，或許各位就能夠理解。

事實上，**行銷這一詞彙的定義並不明確**，定義因人而異。各位也可以自己思考看看定義本身。

管理學家彼得・杜拉克（Peter Drucker）曾表示：「行銷的目的是使銷售變得不再必要。行銷的目的是完全了解顧客，從而自然而然地售出適合顧客的商品和服務。」

另一方面，被譽為是現代行銷之父菲利普・科特勒（Philip Kotler）將行銷定義為「滿足需求，創造利潤」。

我自己的想法是（這是我試了數次的最後得到的解釋）：

行銷＝市場＋刺激

意思是打動市場。也就是說，**打動市場就是行銷的根本價值**。最近在數位領域或是單純提高工作效率方面，有時會稱為○○行銷（例如SEO行銷），但這些並未達到「打動市場」的程度。

此外，若要解釋這個「市場」，**組成大眾化產品市場（Volume Zone）的就是所謂的一般人（＝大眾）。**

當然，也有一些以名人這種參數少的人為目標，處理特殊商業材料的行銷工作，但這本書將之列為例外。畢竟大部分的行銷工作都是以大眾化產品市場為目標。

在思考市場參數時，只要比較購買高級車法拉利的人和購買輕型車的人，或是販售法拉利的人和販售輕型車的人哪一方比較多就能夠理解。

如果沒有具備和這些參數多的人相同的感覺，就不可能打動市場（＝大眾）。

總而言之，在以打動市場為前提的行銷中，「市場」＝「大眾」，了解「行銷就是打動大眾」是邁向上述「市場＋刺激」的第一步。

◎顧客需要、會感到開心的是什麼

提到打動市場，一般都會覺得需要什麼特別的知識和能力。然而，事實上，這**只是將我們個人之間的溝通轉變為「與市場」而已。**

要說明這個溝通內容，就是親自感受大眾的不滿和想法，並尋求解決的方法。

可以確定的是，行銷就像刑警一樣站在現場的最前線，主要的工作是將**從現場獲得的發現具體化並落實到市場中。**正是這種小小的發現在打動大市場。

3個市場

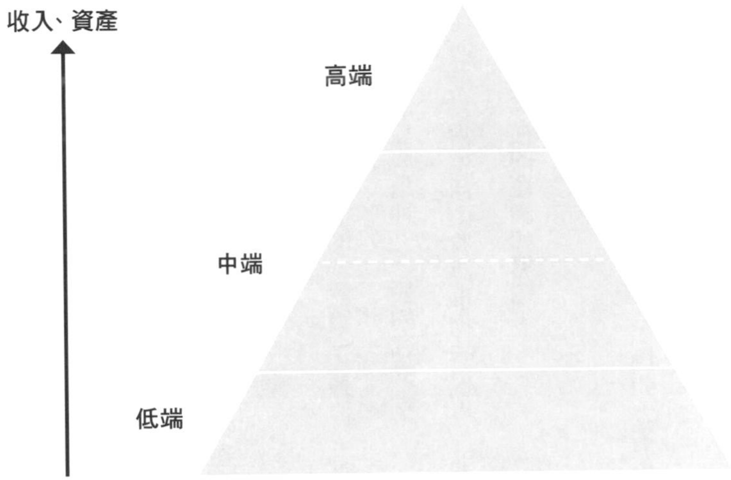

高端市場	即所謂的富裕階層，是尋求高品質產品或服務的高級階層。由於僅限於高收入者，顧客數量有限，因此瞄準該市場的企業數量也會減少。
中端市場	尋求平均價格的產品和服務的中產階級。通稱為「大眾化產品市場」。由於整體市場的顧客數眾多，有許多以吸引這些顧客為目的的企業。
低端市場	價格愈便宜購買欲望就愈強烈的階層。不過，經常出現打價格戰的情況。

不具有一般感覺的人，因為不在現場的最前線，無法察覺大眾感受到的小小不滿，或是他們內心懷抱的理想等。

這種人即便要實際調查現場，大多也會委託智庫等第3方機構，獲取加工過後的資料。由於平常不在現場，沒有一個軸心來掌握顧客的不滿。

對於剛才提到的行銷所需的「資質」，各位是否已經了解了呢？

那要怎麼樣才能養成這種「一般的感受」？

答案是，改變日常生活中看待事物的視角。平常生活時與其什麼都不想，不如試著**思考每一件事物存在的意義和意圖。**

我們身邊充斥著各種行銷的創意，例如大街小巷流行的TikTok和Instagram的Reels為什麼是垂直滑動的呢？

注意4個「不」

不滿

（例）
東京的連鎖咖啡店，
位置與位置的距離太近，讓人無法放鬆。

不安

（例）
對中古車有興趣，
但擔心可能故障或是出問題。

不快

（例）
不知道會不會下雨，
隨身帶著雨傘很麻煩。

不便

（例）
大部分的醫院都不能當日預約，
不排隊就無法看醫生。

只要早上搭電車通勤，或是去澀谷八公像前，觀察女高中生在等朋友時手指動作，應該多少就會明白。其他還有：

為什麼道路交通標誌是顯眼的顏色？

為什麼紅綠燈是紅色、綠色和黃色？

為什麼點心、餅慼等的開封口要標示得一看就懂？

其中有許多都是自己作為大眾一員所感受到的日常不便，或是「如果這樣就好了」等一閃而過的想法，**藉由反映各位身邊這些從小小發現中所得到的點子，而創造出的服務。**

◎明確想像出顧客的樣子

說到行銷，有許多人的印象是，將不知道的英文和字母排列在一起，解釋市場的動向（像是高超的技巧），對好幾千人進行問卷調查，或者利用留在系統或雲端的顧客數據進行數字分析等。事實絕非如此。

如果各位也覺得行銷是「高級的特殊技能」，那您想像中的行銷，就會與本書定義的行銷相去甚遠。

換句話說，**距離世人所謂的「一般」非常遙遠。**

平時不在超市購物的人，是否能夠根據從○○研究所提供的數據，只列出理論的書本來思考商品的配置呢？

不看電視的人，能夠製作出收視率超過40％的熱門節目嗎？
沒有開過車的人，能夠開發出舒適的汽車嗎？
沒去過都市以外地區的人，能夠振興地方嗎？
運用數值化的數據，就能獲得M-1大賽的冠軍嗎？

當然不行。

剛剛的舉的例子就好比是沒穿鞋的人在製作鞋子一樣。聽起來很奇怪，但其實有很多商人都在做這種事。

如果不了解世界上所謂的「一般」，就無法打動市場。

若是認為只有理論或表面上的訊息有價值，就等於是「沒有敏感度」。

在日常生活中改變視角，接觸社會上的普通感覺才能打動市場，也就是刺激市場。

LESSON 1

利用具體化和抽象化來磨練思考能力

本章將要介紹觀察、思考事物所需的「具體化和抽象化」。

各位知道「蘋果」抽象化是什麼嗎？

答案是「水果」。相信有許多人都認為，即便可以來回在這種簡單的具體化和抽象化，但如果要將複雜的事情，例如行動或現象等來回具體化和抽象化卻不是件容易的事。

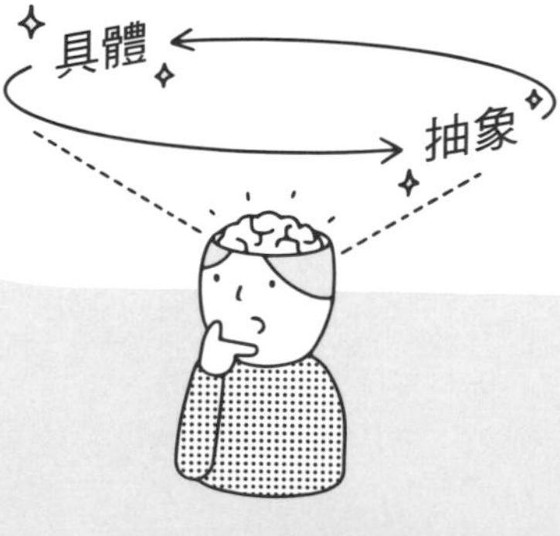

達也參加商品企劃部內部比稿的相關會議。他想要在會議上發言，但害怕周圍的人提出意見，只好作罷。

「那就在2個月後的公司內部比稿提出企劃案。」

不知道是不是參加很多聚餐，田中部長用沙啞的聲音主持會議，他皮帶上的肚子看起來比以前還要大。我將視線轉向會議室中間的白板上。

今天企劃部第1組，為了2個月後舉行的內部比稿進行會議。

「這次是關於新巧克力餅乾的企劃，首先請大家提出敝公司的熱銷商品。」

使用五顏六色的色素，在社群網站上脫穎而出的糖果、至今從未有人販售的新口感軟糖，還有以小小孩為客群的智育點心等，大家提出了各種不同的意見。

「現在的年輕人都離不開社群網站」——鈴木副部長開口說了這句話後，其他組員跟著附和「我女兒也是」。

喂喂喂！怎麼就開始閒聊了！一邊這麼想，一邊害怕別人說「你的意見很普通」而不敢提出意見的20幾歲男性就是我。

結果只是列舉了各別商品的詳細特徵，今天的會議就結束了。接下來的話題都是部長的女兒……光是這個會議就花了2個小時。**會議應該30分鐘就結束不是嗎？**以前看過的商業書上也是這麼寫。照這樣下去，這家公司遲早會被淘汰。

打完卡後，我走向昨天和歐吉桑見面的那個休息室。

「我希望會議消失。」

「小哥說話總是很突然呢！沒辦法，我只好問你發生了什麼事。」

我說了剛才開會的事。

「所以最後根本沒有達到共識，首先應該更詳細地查看顧客的問卷調查，或者分析客戶獲取成本，明明有很多要做的事情。」

我是根據每天早上在電車上閱讀的商業書、報紙，以及參加過的研討會獲取的知識，對歐吉桑說了這些話。但是我在會議上說不出口，因為害怕其他人對我說「**不要說些理所當然的事**」。

歐吉桑沒有打斷我說話，直到我大略說完後他才開口。

「小哥，我來教你『具體和抽象』吧！這是學習行銷重要的思考方式之一。」歐吉桑一臉興奮地說這句話。

歐吉桑開始分析企劃部的現狀。

「小哥待的企劃部在考慮新產品時，會先分析熱銷商品。到這裡都做得很好。根據已經取得的結果分析暢銷的原因，這在行銷中非常重要。

但是如果**只列舉熱銷商品詳細特徵就草草結束，實在可惜。**這樣之後又要怎麼製作新商品呢？

真的製作出個什麼，也只是『複製品』而已。以《桃太郎》來舉例，就是把『桃子』替換成『蘋果』，改成『蘋果太郎』。這樣的話，顧客是不會買單的。所以要把具體的特徵抽象化。」

歐吉桑又繼續說。

「小哥公司的熱銷商品是彩色糖果和硬軟糖，還有可以畫畫，以孩子為客群的巧克力對吧？」

歐吉桑剛剛說要把它們抽象化。

「食品？」我姑且回答了一個答案。

歐吉桑說：「差不多這種感覺，接下來再試試**更精細的抽象化**。剛剛的抽象化方式比較粗糙，大概就像我和小哥說『塊狀有機物』一樣。」

這個太粗糙了啊……要將現象和特徵抽象化好難。我這麼想，同時設法回答歐吉桑的問題。

「嗯……看起來漂亮？」

「為什麼看起來會這麼漂亮？」歐吉桑反問我。

我想說很多商品的目標就是在社群網站嶄露頭角，答案一定是這個沒錯，於是如此回答。

「為了讓人想要拍照……之類的？」

歐吉桑接著問我。

「小哥平時會拍便利商店買的便當嗎？」

這個歐吉桑的發言果然很跳躍，這樣不就離題了嗎？

「不會拍啊，又沒什麼特別的。」我回答。

「對吧？就是個普通的便當。」

我差點對「普通」這個字做出反應，但我忍住了。畢竟太過在意，很難在這個社會生存。

歐吉桑接著說。

「那你為什麼要在便利商店買吃的？」

「因為肚子餓。」我馬上回答。

歐吉桑提問、我回答。這樣來回好幾次後，歐吉桑會像新聞節目一樣仔細講解，同時提出一些讓我得到解答的必要訊息。

「人買食物是『為了填飽肚子』，那為什麼要買小哥公司推出的暢銷商品呢？」

因為便宜？不不不，現在討論的應該是商品的功能而不是價格。

吃飯是為了填飽肚子，但舉例來說，年輕女孩們長時間排隊或預約購買現下流行的美食，那要算是為了上傳到社群網站？還是為了拍照？

我好像知道答案了，於是回答。

「嗯……人們的目的不僅僅是為了填飽肚子，也就是說，如果將暢銷商品抽象化，就會**『產生出吃以外的目的』**！……這樣嗎？」我突然失去信心，聲音愈來愈小。

歐吉桑一個彈指說道「很好！就這樣將每個具體特徵抽象化！」。

「透過反覆具體化和抽象化，**可以找出商品多方面的特徵**。」歐吉桑繼續說。

「既然小哥已經晉級了，我再問一個問題，為什麼小哥的公司在研發產品時會採納『吃』以外的目的呢？」

嗚嗚，我明明就是企劃部的人，卻沒辦法回答這個問題，連我自己都覺得羞愧。是光賣商品活不下去嗎？太抽象了，小學生的作文都比這個好懂。

「因為其他公司也這麼做嗎？」我又給了一個平凡的答案。但除了這個，我什麼都想不到，好厭世。就算看了商業書或是有關商品開發背後故事的紀錄片，還是不知道這個問題的答案。

我看著斜上方，假裝在思考。我也想改變這種無法承認自己做不到的個性。

歐吉桑接著說。

「那可能也是原因之一，但是應該有各種理由，去問問你的前輩，然後找出原因。我不是這家公司的人，不能告訴你。」

這個歐吉桑就這樣甩手不幹了？不對，肯定有什麼原因。

「那個……論行銷您更在行，但還是要我問我們公司的前輩，是有什麼理由嗎？」

我不由得提出這個疑問。

「因為比起我，小哥的前輩**一直以來都與公司的產品為伍。**小哥不也擅自覺得那個前輩沒什麼了不起的嗎？即便前輩沒能讓商品熱銷，一定也掌握了許多『資訊』。」歐吉桑如此說道。

太過理所當然，所以我沒注意到。比起眼前親眼看到資訊的人，我好像只聽從書裡面的內容或是螢幕另一側的人說的話。

仔細想想，也許的確如此。如果一切都能靠知識解決，就算只有一點，我一定也會過得比現在還要好。這個世界上，應該有許多事情無法僅靠知識解決吧？我一邊想著一邊對歐吉桑的話點點頭。

「要怎麼學會這種反覆來回具體化和抽象化的能力呢？」是不是閱讀鍛鍊大腦之類的書就可以了？我一邊想一邊用智慧型手機啟動ＡＰＰ，當然是為了問歐吉桑有沒有推薦的書。

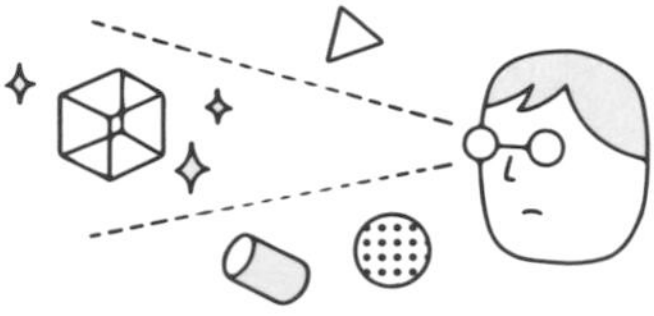

「看書也許是個好辦法，但小哥，我還是老話一句，你**為何不多看看周圍呢？**」

歐吉桑這麼說完，一臉認真地望向窗外，繼續說道。

「就像熱銷商品有其熱賣的原因，每天發生的事情也有其理由。**如果養成習慣，不是看現象，而是詢問引發現象的原因**，或許小哥就能擺脫自卑感。」

養成詢問周圍為什麼的習慣嗎？我思考歐吉桑說的話。

我發現自己在出社會後，**對於身旁發生的事情，總是以一句「只能那樣」敷衍了事度過每一天。**

必須學習一直問為什麼，讓大人困擾的孩子，試著思考每一個現象背後的原因。

於是，我關掉手機的ＡＰＰ。

比起磨掉指紋般不斷重複翻閱商業書籍，我從今天的談話中隱約掌握了今後在企劃部工作所需的能力。

STUDY

◎完全掌握「具體化」和「抽象化」

在說明規劃新服務或新產品時的具體抽象思考法前，首先我要先分享使用這個思考法的前提，也就是「**時機**」。

無論是什麼樣的思考法都有適合的時機。如果時機不對，再好的思考法也可能派不上用場。

俗話說「會咬人的狗不會叫」，意思是有才能的人不會隨意賣弄自己的能力，但若是再進一步思考，也可以解釋為，**有能力的人知道顯露、隱藏才能的「時機」**。

真正有才能的人，不會向不能給予自己好處的人展示、炫耀自己的能力，因為那

麼做也不會得到效果。

接下來，我就來介紹在思考新服務或新產品時，使用具體抽象思考法的時機。

這裡我要舉個例子。

假設各位現在是一位高中生，班上決定在園遊會擺攤。而且為了讓別的班級大吃一驚，想策劃出一個主題新穎的攤位。

在決定攤位的主題時，首先是聽取、調查各方人馬的意見，接著再從中想出許多新點子。

是要開刨冰店、鬼屋還是咖啡店呢？像這樣盡情發散點子，換句話說，就是**「賺取」點子數量**的階段。

在這個階段，各位應該不會思考「把刨冰店抽象化」或是「鬼屋抽象化是娛樂……」吧？在想完點子後，**最後就是決定的階段，要用到「抽象化」思考法。**

刨冰店和咖啡店是「餐飲銷售」，鬼屋則是體驗型遊樂設施，進一步抽象化則是「娛樂」。最終決定攤位的主題是「結合餐飲銷售和娛樂」。

既然已經確定主題，下一步為了將「結合餐飲銷售和娛樂」具體化，**要進入將抽象事物「具體化」的作業。**

結果，全班一起決定的主題是「鬼屋咖啡店」。確定要做什麼後，下一個階段就是準備階段，即思考餐飲菜單，以及製作攤位的招牌。

然而遺憾的是，園遊會當天完全沒有客人來光顧。從「鬼怪接待客人很不舒服」方面來考量，可以說是在抽象化階段，「過度扮成鬼怪＝娛樂」的想法並非正確。

若是從「鬼怪接待客人感覺很有趣，但販售的食物不好吃」的角度來看，那可能是在細節具體化階段出現失誤或遺漏。

只要抽象化的方法錯誤，那之後無論再怎麼努力將措施和對策具體化，也不會取得好結果。

來回具體化和抽象化的過程就像是料理。

假設抽象是料理的種類（中華、日料、義式等），具體化是料理名稱（魚翅羹、鰹魚半敲燒、拿坡里義大利麵）。

即便選擇了中華料理，若是附近沒有中華料理店，家裡也沒有人會做中華料理，那這個想法本來就難以實現。「想做」和「做得到」完全是兩碼子事。在提出各種點子時，無論多麼新奇有趣，多麼「想做做看」，最終等著你的下場都是「做不到就是做不到」。

因此，在從發散的點子中進行選擇的階段，必須要**確認「是否做得到（可行性）」**。

就企業而言，要確認各種項目，包括人力資源、預算、收支平衡點等，並仔細考

使用抽象化和具體化的時機（已經提出點子）

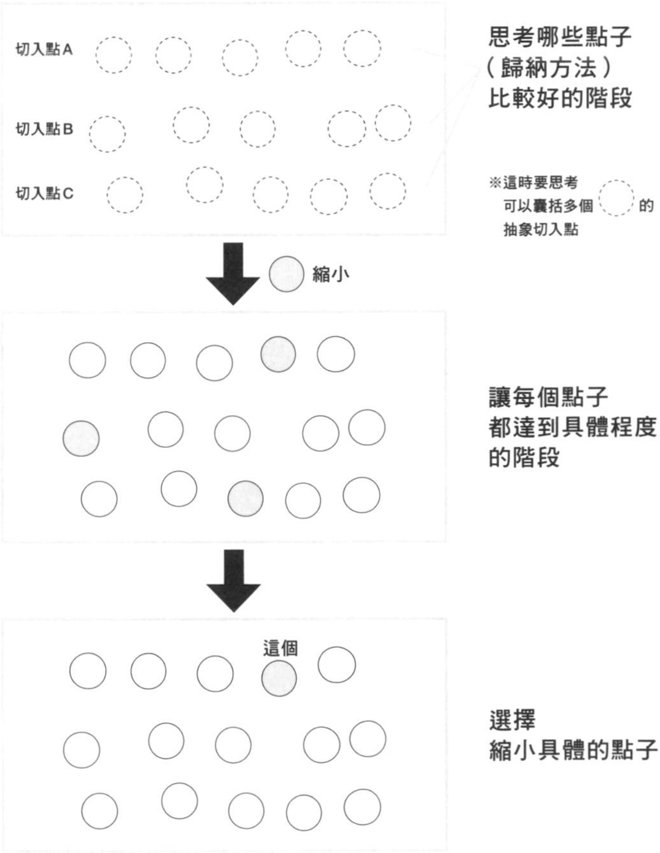

慮「是否做得到」、「是否有勝算」後，再縮小點子的範圍。

之後才能進入將點子的細節具體化這個步驟。

當然，在具體化時也會遇到「課題」。

此外，還有外部環境帶來的課題，例如買不到魚翅、因應疫情無法開店等。這時要將事情往後推一步（朝著抽象的方向），如此往返具體化和抽象化兩個階段。

這是因為，在訂立主題時，透過抽象化，會形成「現在應該考慮什麼」的視角，讓相關人員可以在不離題的前提下，就著重點往前推進。

以剛才的例子來說，連中華料理的廚師的沒有，那從一開始就不會考慮買魚翅了不是嗎？

◎沿著「以樹幹到樹枝」的脈絡來思考

會議也是相同的道理。

在討論的過程中可能會離題，在這種情況下，大多都無法順利抽象化。

換一種說法來比喻，**抽象化是樹木的「樹幹」，具體化是樹木的「樹枝」。**

必須要在清楚了解樹幹後，才能使樹幹長出樹枝。但要注意的是，如果只關注長出的樹枝，討論的重點可能會轉移到與樹幹無關的樹枝上。

無論是多麼新穎的想法，如果偏離了主題（樹幹）就沒辦法派上用場。

為了避免在會議中離題，一個小時後才發現「原本是在講什麼？」，必須要來回進行具體化和抽象化。

讀到這裡，可能還是會有人說「不懂要怎麼具體化和抽象化」，因此，以下附上更加詳細的說明。之所以不懂，可能是因為**沒辦法將「具體」和「抽象」形象化**。

「紅蘿蔔」抽象化就是「蔬菜」，應該任何人都可以做到這個程度。畢竟大家都知道紅蘿蔔是蔬菜。

就如同可以回答出2＋2＝4，是因為知道1＋1＝2。具體和抽象也一樣，什麼是具體？什麼是抽象？怎麼做才是具體化？怎麼做才是抽象化？了解本質，思考時就能往返於具體化和抽象化之間。

如同前面介紹的諸多具體例子，在各位的身邊也有許多**具體和抽象構成的事物**。

例如，想在麵店裡吃麵，但為了省錢只吃便利商店的泡麵；忍住想去溫泉旅行的欲望，只去附近的超級澡堂；想要回老家，但車錢很貴，只打打電話等，在思考這些事情時，各位的腦袋都在進行具體化和抽象化的作業。

意識到這一結構，自然而然地就會學會具體抽象思考法。

意識到「樹幹」

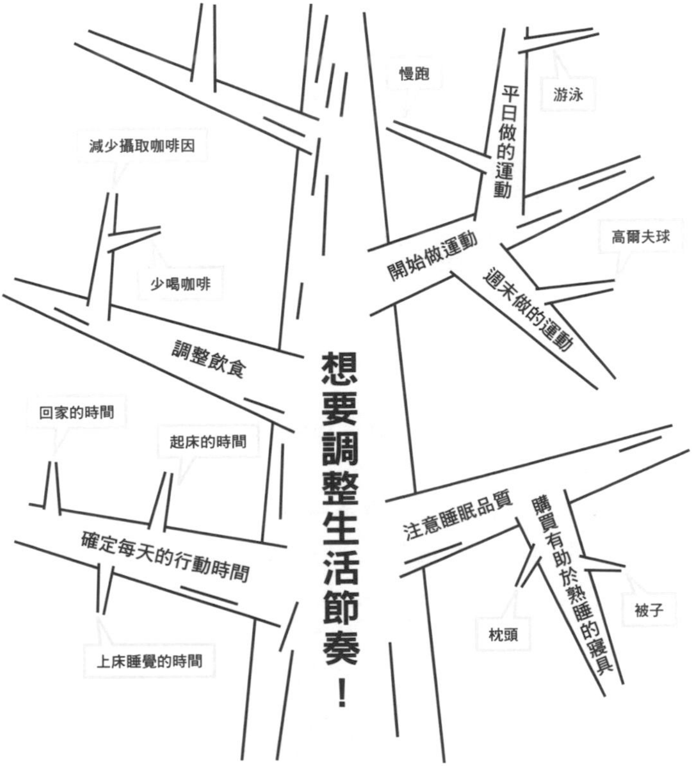

以「樹幹」到「樹枝」的順序進行邏輯思考，
更能提供不浪費、不離題的價值。

LESSON 2

視情況使用「鳥眼」、「蟲眼」、「魚眼」

本章要介紹的是觀察各種事物的方法。
近距離和遠距離觀察事物，看到的範圍會不同，觀看的方法也會不一樣。按照順序觀看，可以發現以往沒有注意到的事物。

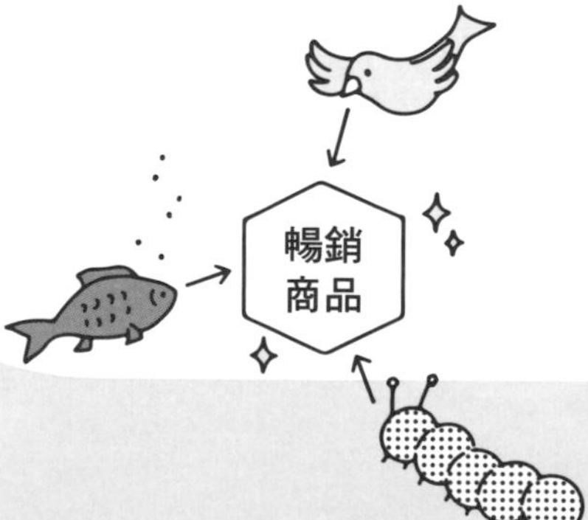

達也隸屬於商品企劃部，有一天主管委託他一項任務：「調查飲料廠商A公司的檸檬沙瓦為什麼會如此暢銷」。他不知道為什麼主管要去調查一家別說是競爭，連餅乾糖果都沒有生產的公司。

他今天也為了學習行銷，前往歐吉桑所在的休息室。

「就是這樣，主管要我去調查。」

星期五下班後，我到老地方找歐吉桑聊天。

「要不要去喝檸檬沙瓦喝到飽？」

「您有聽到我剛剛說的話嗎？」

「我聽到了，不就是要去找飲料廠商A的檸檬沙瓦藏有什麼祕密嗎？」

「被您說得好像跟自由探索一樣簡單。我想說的是，我們明明是零食廠商，卻要調查檸檬沙瓦？**根本完全沒關係啊！**」我伸直雙臂說。

「我想說先查一下官網的商品介紹。」

調查首先要做的是掌握第一手訊息，官方網站提供的介紹一定比他人說得更正確。在我大聲地說著我的計畫時，歐吉桑問我「你有幾隻眼？」

「2隻……」我指著自己的雙眼。

「不是，我不是說那個眼睛，是說作為行銷的眼。」

「芽眼＊1」？我怎麼可能會有種東西，於是我回答。

「我還沒發『芽』，所以是0隻。」

「不是那個『芽』。」歐吉桑嘴上說著，指了指自己的眼珠。

「我來告訴你身為一個行銷，不對，應該是**身為一個社會人士要具備的3隻眼睛**。

好！今天我這個歐吉桑請客，帶你去我口袋名單裡的居酒屋吧！我看你也很努力地在

＊1日語中的眼睛和芽同音

學習。」

之前聽了歐吉桑的建議，我發現自己現在比較能鼓起勇氣在企劃會議上發言，所以我決定跟他一起去居酒屋。

「是這裡嗎？」

我和歐吉桑來到一家居酒屋前，光看擺放在居酒屋門前的小看板，就覺得不會是年輕人會走進去的店（雖然不知道自己是否可以稱為是年輕人）。

「只要吃了這裡的烤雞肉串，就再也看不上其他地方的雞肉串了。」

「這麼好吃喔？」

「只是很便宜而已。」

「什麼啊！」

歐吉桑掀開紫色的門簾，拉開玻璃門，我跟著他走進去。

我們坐下來點飲料。

「我要燒酎！」歐吉桑點的酒跟我對他的印象一樣。

「那我……」我在菜單上看到一個眼熟的名字，就是那個飲料廠商出的檸檬沙瓦，於是我決定點這個。

看到我的選擇，歐吉桑說了一句「喔！不錯喔！」。

之後還點了幾個下酒菜。

「點份綜合烤串吧！小哥呢？年輕人是不是要點些時髦的菜色？但我這個歐吉桑不懂。」

「交給我吧！我要點生鮭魚片，您還有要點什麼嗎？」

我把菜單轉向歐吉桑那側，他看了看菜單，露出滿足的表情說。

「我要再點一個歐吉桑才會點的炸蚱蜢。」

「感覺很酷！」

點完餐後，服務生先上酒水。

我小喝了一下檸檬沙瓦。嗯，就是普通的檸檬沙瓦，價格是450日圓，是因為價格比較便宜嗎？

在我跟歐吉桑閒聊時，服務生端來下酒菜。

桌上放著烤雞肉串、生鮭魚片還有炸蚱蜢。

「很好！演員都到齊了！」

「演員？」我嘀咕道，歐吉桑突然間又要幹嘛？

我正想著，歐吉桑清清喉嚨後開始說話。

「工作要有3隻眼睛。」

歐吉桑拿著烤雞肉串說「第1隻眼睛是……**鳥眼**」。

「你的主管特別關注，乍看下與零食廠商沒有關係的飲料廠商所出產的檸檬沙瓦。」

歐吉桑拿著雞肉串繼續說，有點像是指揮家揮舞的動作。

「鳥不是會飛嗎？牠們看世界的位置比我們人類高得多，所以鳥眼**能夠看到不同的領域**。在培訓中經常會聽到『是不是愈來愈看不到自己以外的事物？』就是這個意思。」

我為了吸收新的知識只能點點頭，歐吉桑吃著雞肉串繼續開口說道。

「不要只調查自己的公司或是競爭公司，像是電視臺不只要調查業界，還要蒐集網路傳播和串流服務的資訊，道理差不多，所以小哥的主管，大概是想傳授鳥眼給你。」

我想起之前的發言——「我們明明是零食廠商，卻要調查檸檬沙瓦？根本完全沒

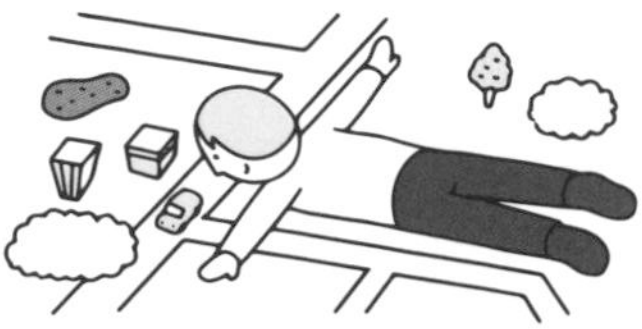

關係啊！」

當初根本沒問主管原因，只回了一句「我知道了」，現在想想覺得很羞愧。

「還有一個叫做**蟲眼**。」歐吉桑嘴巴說著，用筷子夾了炸蚱蜢。難道這就是當今流行的吃昆蟲嗎？

歐吉桑指著我在喝的檸檬沙瓦說。

「你現在不就是待在販售檸檬沙瓦的地方，喝著檸檬沙瓦嗎？蟲子能夠看到比鳥更細微的世界。**用自己的雙腳前往現場查看、觀察擺放在架上的商品**，這就是蟲眼。」

嗚嗚，我為30分鐘前以為只要瀏覽商品網頁就可以的我感到羞愧。

歐吉桑好像看穿我的想法，他說道「不只是看商品網站，下一步也很重要」。

我回答「好」。難道這就所謂的讀萬卷書不如行萬里路嗎？

我喝著檸檬沙瓦，一邊環顧四周。

「點這個很快就會來了。」

聲音來自隔壁的隔壁，我觀察了一下周圍的客人，發現點檸檬沙瓦的客人非常多。

我看向廚房想說店員應該很辛苦，檸檬沙瓦不像居酒屋常見的將燒酎、氣泡水和糖漿混和完成的作法，而是有專門的機器。店員的工作感覺輕鬆很多。

「如何？應該多少知道為什麼飲料廠商A推出的檸檬沙瓦，會成為暢銷品的原因了吧？」

歐吉桑一邊吃著烤雞肉串一邊說。

「來居酒屋的人不僅會要求食物好不好吃，還追求飲料的提供速度……」

「沒錯！**如果不去現場**，一定會有很多不清楚的地方。」

竟然來居酒屋也能學到行銷知識……

6串烤雞肉串一轉眼只剩2串。4串都是歐吉桑吃的，旁邊的炸蚱蜢倒是沒有減少很多。

「不要只顧著吃雞肉串，也多吃蚱蜢吧！明明就是您點的。」

「你才是，多吃一點雞肉串啦！」

我看著雞肉串喃喃自語「只用鳥眼會淪為紙上談兵」，歐吉桑聽到後開口。

「蟲眼也是如此，**兩者都很容易淪為紙上談兵**。」

嗯？這樣不是很奇怪嗎？兩者相比，脫離現場的視角，不是更容易淪為紙上談兵嗎？於是我詢問歐吉桑原因。

「為什麼兩者都容易淪為紙上談兵？」

歐吉桑回我。

「你想想看爬山。

從遠處看一座山時，可能會覺得爬那座山應該不難。儘管從遠處可以欣賞到美麗

的山景。但卻**不知道爬山的辛苦，也不知道山裡有什麼動物、那裡生長了什麼植物，還有爬山的路徑。**

相反地，真正爬過山的人知道爬山有多辛苦，同時也親眼見到山中的動植物和知道爬山的路徑。但是，卻**不能從遠處看清自己的位置，所以無法看到整座山的景色。**

相同的道理，無論是飲食還是行銷都必須均衡。」

原來如此，一般很難同時具備微觀和宏觀的視角嗎？如果不多加留意，很可能就會忘記。我邊想邊吃烤雞肉串。

經過1個小時後。

「不好意思，請再來1杯燒酎。」不知不覺桌上已經有3個燒酎的空杯。

「哎呀！差點忘了！還有**魚眼！**」

歐吉桑拿著筷子夾起生鮭魚片，蘸了大量醬油和芥末後吃得津津有味。

「小心血壓上升，那個本來就很鹹。」我忍不住說了這句話。

「沒關係啦！你看！」歐吉桑說完，指著附近的醬油。

包裝上寫著大大的「減鹽」兩個字。從歐吉桑的醬油使用量來看，我非常懷疑是否能夠減到鹽，但我決定不再思考這件事。

「來說說剛剛提到的魚眼。我年輕的時候，還沒有『減鹽醬油』這種東西，但是最近推出了許多考慮到健康的食品。

這是利用**感受、觀察時代潮流**的『魚眼』得到的結果，像是保健品的市場如何發展、人們的健康意識會如何變化。」

歐吉桑接著說。

「魚會用身體感受水流。像魚一樣親身體驗時代的潮流，思考時代正在發生什麼樣的變化？要採取什麼樣的行動來應對這些變化。

小哥的主管要求你調查的飲料廠商Ａ，利用魚眼看到了什麼樣的趨勢呢？」

「是餐飲業人力不足嗎？」我說了這句話，這是在報紙和新聞中經常提出的問題。

「回答正確！你這不是可以看到時代的趨勢嗎？所以現在你能夠用我教的3隻眼睛來觀察事情了嗎？」歐吉桑問我。

「雖然突然要做很難，但我會努力的。」我回答。

過去我只會從「要怎麼做才能做出好產品？」的角度思考，現在則是**用「要怎麼做，才能做出顧客覺得滿意的商品？」這一角度思考**，畢竟3隻眼睛缺一不可。

「不是我想賣什麼，而是顧客想要什麼。」

這是作為企劃部一員，不對，作為一個社會人士必備的視角，也是因為太過理所當然了，導致我至今都沒有注意到的視角。下次看到主管必須跟他道謝才行。

在居酒屋學到的3隻眼睛，顧名思義，就是我的血肉。

有朝一日，我是否有機會能夠成為創造出熱銷商品的企劃負責人呢？因為說太多話覺得喉嚨很渴，於是我大口喝著檸檬沙瓦。

STUDY

◎ 你的弱點是什麼？

各位是否有聽過這些話呢？

「站在對方的角度來思考。」

「站在客人的角度來思考。」

「你在製作資料時有想過是要給別人看的嗎？」

「必須再多看看周圍。」

聽到這些話時，各位一定會很苦惱，**不知道要怎麼樣站在對方的立場思考**。不

過，如果只要煩惱就能用對方的角度來思考，那這個世界就不會像這樣出現各種問題。

好的點子有其思考的「模式」。為了思考，除了當下自己手握的資訊，還要去獲取新的、有用的資訊。

要獲取有用的資訊，需要3個眼睛，換言之就是必須要有「**視角**」。

這3個視角分別為：

「**鳥眼**」

「**蟲眼**」

「**魚眼**」

鳥眼可以從遠處，即俯瞰事物的整體，能夠**看到近處看不到的宏觀世界**。

迷路的時候，我們大多都會看地圖確認所在地和目的地。地圖是從遠方俯瞰你的位置，鳥眼也是相同的道理。

工作必須具備的3個視角

蟲眼可以近距離觀察事物，也就是說，**能夠專心地察看微觀世界**。昆蟲甚至可以看到我們看不到的細節。

魚眼可以**辨識潮流，預見未來**。魚會順著水流游泳，畢竟逆流游泳會很疲累，要避免疲憊，魚就必須感受水流，順流而上。換言之，這是觀察時代潮流和趨勢的眼睛。

例如在手機普及，可以與任何人取得聯絡的時代，應該很少人會與朋友通信吧？在這種時代推出寫信服務，也很難獲得歡迎。

◎視野高和視野低的人有什麼不同？

這3隻眼睛必須均衡使用。

不可有任何一個特別突出，也不可以偏廢任何一個。

【案例研究】

假設你是隸屬業務部的員工，某天部長要求你重新檢查公司的網站，你會採取什麼樣的行動呢？

讓我們從各個視角來看待這件事，並提出自己的想法。

首先用鳥眼來看。

當主管把這個任務交付給你時，你覺得這是一個機會。公司一直招不到負責招攬新客戶的業務人才，必須採用只有業務才懂的**招攬客戶措施**。因此，可以藉著重新檢查網站的機會來達到這一目的。

你還查了許多同行的網站，看其他公司是如何吸引客戶。從著名大學的研究論文和商業網站的文章等獲得訊息後，認為人重視透過視覺得到的資訊，比起簡單易懂，更喜歡帥氣的設計。

因為每個企業都採用前所未有的時尚設計，所以你覺得可以模仿這種設計，從而增加網站的瀏覽人數。

為了蒐集各種案例，你到處調查各個網站，甚至連無關的行業都不放過。接著用蟲眼來看。

以蟲眼的視角來看時，首先想到的是，身為業務，提出有關網站的想法，對自己並沒有好處。

業務的工作是販售產品。因此你心中冒出疑問，為什麼要參與與販售產品無關網站工作呢？

有時間做那種事，不如再去跟一家公司簽約……可能還比較好。既然沒有意義，不就是等於浪費時間嗎？

但這是部長的指示，還是必須服從（大家應該也遇過這種事吧？）。

在心不甘情不願地思考商品說明的部分時，你想起與客戶之間的交流。簽約前，有時會因為顧客不清楚為什麼會訂這個價格，導致自己必須多次對此進行解釋、說明。

因此，你在公司的網站上添加了價格的部分，並附上**以通俗易懂的方式，詳細說明客戶經常詢問的問題**，使之視覺化。如此一來，不僅客戶能夠輕易理解，還能避免負責的業務反覆說明，可謂是一箭雙鵰的策略。

儘管並不確定自己為什麼要提出這個想法，但總覺得自己提出了一個很好的建議。

接下來是用魚眼來看。

你認為，重新檢查網站是許多企業正在做的事，包括企業識別更新等，畢竟現代社會主要是透過網路進行交流，這個措施正符合現今的趨勢。

Tiktok在當時尤其流行，因此你提出一個建議：將員工訪談或公司日常發生的事等剪成短影音發布。

因為你相信，如果能夠跟上時代的潮流，**網站一定會大受歡迎**。

◎尋找「看不到的事物」

各位覺得如何呢？各個視角都有其看待事物的方法。事實上，前面提到的想法絕非完美。

就像是孩子和大人觀看眼前景色的方法不一、在山頂和山腳下看到的風景不同，讓我們再次從3個視角檢視，剛剛提出的網站建議中值得吐槽之處（需改進的地方）。

【用鳥眼驗證】

了解主管下指示的用意（雖然並非完全理解），具備寬闊的視野，所以不太會失去目標。此外，還可以深入了解與自身公司無直接關係的行業，從而採取不同的想法。

然而，如果客戶本身就不熟悉網路，在建立網站時，相較於時髦的設計，更重要的是要一看就懂和容易上手。

換句話說，與外觀時髦但難以理解的網站相比，設計土氣但簡單易懂、易於使用的網站更受客戶歡迎。

如果只用鳥眼來看事情，就**無法站在現場的角度來評估，進而可能會面臨提供的商品和服務不符合客戶所需的風險。**

因此可能會聽到他人說，不要只追求理想，要面對現實。

【用蟲眼驗證】

能夠從現場角度看待事物，可以輕易地將顧客的要求反應到想法上，但另一方面，對於作為最大前提的架設網站，由於無法完全理解目的，所以感覺自己只是一味地遵從主管指示。

這裡會有一個問題，瀏覽網站的是哪一種客戶？

正準備簽約的客戶不太可能會訪問網站。首先，現在是讓客戶對商品和服務產生興趣的階段，如果突然提到費用，客戶會感到困惑，可能會提高客戶流失率。也就是說，**即便能從現場角度看待事物，如果無法理解網站的存在目的，就沒有任何意義。**

【用魚眼驗證】

能夠看到時代的趨勢，從而提出適合該階段的方法。然而，**無論提出的方法多麼符合當下的趨勢，如果不適合公司的客戶和經營方針，不僅無法得到效果，從長遠來看，還可能會對品牌產生反效果。**

換句話說，企業突然開始上傳與自身領域無關的訊息，即便在話題性和親切感方面占據優勢，但公司的社會信用度可能會下降，因此，不能單純因為受歡迎，就輕易接受新潮的想法。

擁有鳥眼、蟲眼、魚眼固然重要，但在此之前，不能忘記「顧客視角」。

觀點、視野、立場要維持平衡

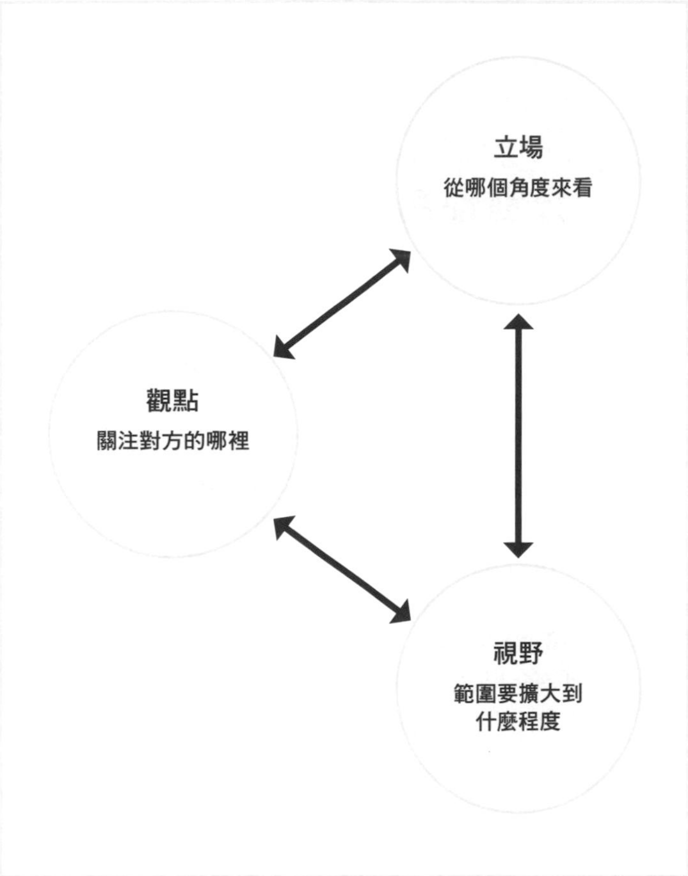

LESSON 3

分別使用Why和How後「懷疑」

本章將會廣泛地說明在針對事件和結果尋找原因時所需的規則，以及容易犯的錯誤。
各位是否曾經遇到這種情況：對於眼前的課題和所發生的事件，努力深入地思考「為什麼？」，但實際上最後只是換個說法而已，可謂是換湯不換藥。
以下介紹陷入這種情況的原因，以及如何適當地提出「為什麼」。

達也透過調查其他公司的檸檬沙瓦學會3個看待事情的觀點。接下來，他負責的任務是調查自家賣不出去的商品。

每天都在調查、調查、調查，明明有很多想做的事情，像是差不多該推出自己的企劃，或是分析自家公司的投資組合等……

「當主管要你去調查時，你覺得自己就像個刑警嗎？」

下班後，我如往常一樣前往休息室，看到手上拿著一個紅豆麵包和一罐牛奶的打掃歐吉桑。今天在下班後，也打算和歐吉桑聊一聊，不對，是上行銷課。

「今天主管要求我對公司已經不再銷售的產品進行調查。在我們公司的產品中，有沒有不太受歡迎，但您卻非常喜歡的呢？」

「巧克力煎餅吧？」

「那個產品就是今天的調查對象！」怎麼可能有這樣的巧合，不過既然遇到了，我就要好好利用。

「那個煎餅真的不受歡迎嗎？」歐吉桑問我。

「就是因為沒有才停售。這次的調查我想做快一點，想說在報告的開頭寫『某大學的研究結果顯示，人類普遍不喜歡顛覆常識的事物，巧克力和煎餅這種富有特色的組合不符合大眾的口味』之類的。」

歸根究柢，我們很難違背來源可靠的數據，所以加上數據更有說服力。我這麼告訴歐吉桑。

「好甜*2啊，小哥，你比這個紅豆麵包還甜，甜到要蛀牙了。」歐吉桑回我。

我不想被一個喜歡吃紅豆麵包的歐吉桑這麼說，於是開始喝起便利商店買的咖啡牛奶。

「小哥，**真正的原因你看得有多遠？**」

*2日語的天真和甜同音。

「真正的原因？」我反問。

事出必有因，我想起歐吉桑之前說過的話。

是像雨天撐傘是為免被雨淋溼這種「為什麼」嗎？不過這不是理所當然的嗎？

「小哥公司的產品，巧克力煎餅為什麼會停售？你能說出原因嗎？」歐吉桑詢問。

「因為賣不好？」沒錯！原因不是很簡單嘛？我這麼想著並回答。

「為什麼賣不好？」

「因為不受歡迎啊！」這就是最終答案不是嗎？繼續深究原因，也只能算是個別案例，沒有任何參考價值。

「賣不好的原因應該不只是不受歡迎吧？」

剛剛才說什麼「像刑警一樣」，現在像個刑警的不就是歐吉桑自己嗎？

「小哥，因為不受歡迎就停售，就好比是在說『一到夏天檸檬沙瓦就賣得很好，所以檸檬沙瓦賣得好就代表夏天到了』一樣。」

「等等，您說話也太跳躍了吧？檸檬沙瓦賣得好代表夏天到了，換言之，檸檬沙瓦賣得好的季節是夏天，我覺得沒有錯。」我想也沒想地回敬歐吉桑。

於是歐吉桑回我「那句話的意思是**『檸檬沙瓦賣得好的季節是大多都是夏天，有很大的機率是夏天』**，與『檸檬沙瓦賣得好代表夏天到了』有點不同。」

原來如是，差別在於有沒有斷定。我覺得我不擅長解讀話中話，沒辦法接收到話裡真正的意思。語言真難啊～！

但是，我還沒有完全理解，於是決定繼續聽歐吉桑怎麼說。

「停止販售有多種原因，包括消費者的需求、廣告的宣傳方式、商品的陳列方式等，各種原因交織在一起，巧克力煎餅才會賣不出去。」

意思是要先把理由細分後再思考嗎？

歐吉桑接著說：「有次因為海獸胃線蟲寄生，肚子痛得要死，去看了醫生後發現原因是晚上吃的生魚片。我想請問小哥，導致肚子痛的原因是什麼？」

「因為海獸胃線蟲跑入胃裡。」

「為什麼？」

「因為吃了生魚片。」

「原因不只是吃了生魚片，是綜合了各種事情造成的問題。」

「反覆詢問5次為什麼」為了解決問題而提問，但究竟有多少人真的做到這點呢？吃魚後導致食物中毒嗎？不對，如果這麼說的話，就會形成吃了魚之後就會因為海獸胃線蟲肚子痛這種因果關係。愈想愈覺得「看不到真正的理由」。

我無法繼續沉默，開口說道：

「您會肚子痛就是因為吃了生魚……不要生吃不就好了嗎？」

「小哥，你這個問題問得很好！大部分的人都會**搞錯『Why』和『How』**。

導致肚子痛的『Ｗｈｙ』之一是『生吃魚』，到這裡都還沒有問題。但剛剛說的『不要生吃』不是『Ｗｈｙ』是『Ｈｏｗ』。」

「**原因和對策是兩碼子事。**」歐吉桑說完後站起來問我。

「是說，小哥你知道勒內・笛卡兒（René Descartes）嗎？」

喂喂！現在又在說什麼啊……

「說我思故我在的那個人對吧？」高中的世界史有教。

「他就是那個反覆詢問為什麼，提倡演繹法的人。

法蘭西斯・培根（Francis Bacon）則是創造出與之截然相反的思考方式。他會以經驗法則為基礎，從現在發生的事，步步朝著『為什麼』逼近，是個提倡歸納法的人。

在小哥的部門應該有不少，利用演繹法看不出所以然，但用歸納法就能得到解答的問題吧？

如果調查這兩個人，或許會發現一些詢問『真正原因』的方法也說不定？」

歐吉桑說了這段話。

「為了找出原因，先試著針對巧克力煎餅的消費者進行問卷調查如何？」

「問卷調查……這麼普通的方法真的有用嗎？感覺只會得到『一般來說都會這麼想』的回答。」

我對歐吉桑說了這句話後，走廊上傳來說話的聲音。

「營業部的山田部長總是說些大道理，如果這麼簡單，我早就做了。雖然他說的很對，但一般情況下根本做不到，常常都想叫他想一下是不是符合常識。」

「我懂我懂！」

在他們討論得正火熱時，突然插入一個聲音。

「喂！你們聊得很開心嘛～過來跟我聊聊你們的常識。」

這個聲音是……

「部長……」

總覺得就像修羅場一下。我脫口而出「但我懂」。

「懂什麼？」歐吉桑問我。

「企劃部經常做商品調查和分析，常常會有人對我說『這不符合常識』或是『不要淨說些大道理』。」

我開始吃起和咖啡牛奶一起買的可樂餅。

「小哥吃可樂餅不沾醬嗎？」

「什麼？」

「真是沒常識。」歐吉桑說。

「……是不是覺得很火大？」

「是，那明明只有您覺得是常識，感覺被強迫接受。」我一邊說一邊咬一口可樂餅。從便利商點買來的可樂餅在袋子裡冒著熱氣。

「聽我說，常識的英文是『common sense』，意思是『共同的認知』。**共同的認知可沒有包含正確這一含意。**」

我從沒有細想過常識一詞，聽著歐吉桑說的話。

「伽利略說了正確的道理，卻被視為社會異端，你知道為什麼嗎？」歐吉桑問我。

我回答「因為與大多數的人說的話背道而馳」。

歐吉桑點點頭說道。

「常識是主觀的集合體，明明只是數量多而已。如果帶頭的人具有權威性，人們就更容易受到影響。不過，**沒有什麼比大道理更好的話。」**

過了片刻，歐吉桑又開口。

「那邊那個老傢伙也是。」

「老傢伙？」我問了一句，看到休息室門上的人影。

「就是營業部的山田。」

「老傢伙，堅持大道理。」

歐吉桑一說完，山田部長剛好就一臉得意地向歐吉桑示個意，買了飲料就走了。

「您真帥啊。」我說。

「還有一件事」歐吉桑清了清喉嚨繼續說道。我腦袋的一角想著，我也想要成為受到稱讚不會否認的人。

「**把成功的經驗扔進垃圾桶**，這不是為了要帥，而是要與時俱進。」

「繩文時代的陶器對我們現今的生活沒有幫助，小哥手上拿的手機，可能過幾年後也會變得毫無用處。

我想說的是，社會正在不斷的變化，會出現與現在不同的情況。

如此一來，成功的前提可能也會改變。不如說，幾乎所有的一切都會有所變化。即便是成功的經驗，也要根據正確的理論，明確區分可用和不可用。」

例如，小學使用的直笛，在工作上似乎沒什麼幫助，但在出社會交朋友上也許會派上用場，應該是這個意思吧？但是要從哪一部分判斷那是否為正確的道理呢？

「怎麼知道是不是正確的道理呢？是要看書嗎？我是傾向詢問專家的意見啦！」我如此說道。

「不知道，反正這個世界上有90％的訊息都是假的。」

「什麼？」我一時陷入混亂，難道就這樣把問題丟給我嗎？結果，找到正確道理的方法是憑感覺或是才能……這樣嗎？

「我說的話也有可能是假的喔！」歐吉桑接著說。

「如果總是懷疑的話，我可能會神經衰弱。」我說。

「與其說是懷疑，不如說是**相信自己的決定**。只能這樣確認自己的言論是否正確，找到真正值得相信的信念，就像笛卡兒一樣。小哥平時經常做的事，例如看書、看新聞等行為也會產生影響。」

歐吉桑接著說：「一開始對於找到自己相信的言論可能會覺得很擔心，但就像小哥這樣，在向他人提問不知道或是調查的過程中就會逐漸了解。」

我覺得很開心，歐吉桑的話為我至今沒有拿出成果，總感覺在浪費時間的行為賦予了些微意義，我微微地對他鞠躬。

「我只是個清潔工而已，我什麼都不知道。」歐吉桑說道。

「真的很感謝您，我還是照剛剛您說的，好好調查顧客的問卷！」我如此說道。

因為比起我的常識和想法，按照正確道理行動會更好。

STUDY

能夠看到多遠的「真正的Why」

我的前公司TOYOTA所提倡的「反覆詢問5次『為什麼』」的工作原則，在社會上似乎也得到愈來愈多人的認可。

不過，我從不認為僅僅從字面上理解TOYOTA的「反覆詢問5次『為什麼』」就夠了。我認為，只有用自己的方式去追求真理，才能夠重複得出「真正的原因」。

所以為什麼要重複詢問「為什麼」呢？

重複詢問「為什麼」的最大優點是，**能夠找到事情的根本原因。**

也就是說，重複詢問「為什麼」是為了得掌握問題的根本原因。

舉例來說，假設你現在的煩惱是「存款都沒有增加」。

你把原因指向「一定是因為房租太貴了」，於是搬到便宜的公寓。但如果真正的原因其實是「薪資太低，存不了錢」，那即便再怎麼壓低房租，仍無法解決根本原因。

好不容易下定決心採取行動想要解決問題，然而卻沒有搞清楚真正的原因，那無論採取什麼樣的對策、行動都徒勞無功。

因此，要找出問題的根本原因，「反覆詢問『為什麼』查清真正原因」是解決問題的必要條件。

在本章中，將要介紹4個在進行「反覆詢問『為什麼』」時，必須注意的要點。

首先第1要點是，**要知道自己現在處於思考階段，意即知道自己需要思考什麼。**

在反覆詢問「為什麼」時，容易陷入的情況是，深入挖掘問題（Why）找出真正原因的過程中，不知不覺卻開始思考解決方案（How）。

以剛才舉的例子來說，「存款沒有增加」的主要原因大致可分為兩個：一是支出過多（out），二是收入太少（in）。

【支出方面】

支出還分為日常生活所需（must）以及不必要的開支（want）。

- must　租金、飯錢、水電瓦斯費用、電話費etc.
- want　酒錢、治裝費、平台串流訂閱費用etc.

【收入方面】

另一方面，在思考收入為什麼沒有增加時，還有以下潛在的真正原因（因素）。

- 整體行業的薪資普遍不高、公司薪水低廉、沒辦法兼做副業etc.

在這種情況下，如果經過分析和驗證後，得到的結果是「存款沒有增加」的真正原因是「所在的行業整體行情並不好」（對問題的影響最大），那在這個階段思考解決對策，例如「換到另一個行業？」，也就是說，移動到思考階段「How」。

簡單來說，解決工作上遇到的複雜問題也是一樣的道理，**一定要從Why到How循序漸進地思考**，遵從這個順序是整理腦中想法的基礎。

以剛才的案例為例，在思考How的對策時，不應該說「為了降低租金，看一下有沒有適合的雅房」（這種情況下不應該發生）。

因為在Why的思考階段，可以確定「存款沒有增加的真正原因是從事的行業普遍低薪」（在本案例中，為便於理解，請暫時忽略工作價值、人際關係等「儲蓄焦慮」以外的因素）。

先Why再How

Why
How
深究原因
引起問題的根本
原因是什麼？
思考對策
有哪些對策？
要選擇哪個和
哪個對策？
真正的原因
（根本原因）

◎盡可能地與「常識」保持距離

第2個要點是，**選擇正確的Why和How。**

在確定真正原因和尋求解決方法時，各位是否想過這個問題？

「這不過是大道理罷了。」

「從常識來看，根本不可能實現。」

前者否定正確的道理，後者肯定常識。

在考慮這兩者時，必須要思考「哪一個是正確的」。再者，這裡也將**「正確」這一詞彙定義為「真實」**。

為了避免被誤解為是意志力或精神論，首先要說明的是「常識」和「正確的道理」的定義。

「常識」的英文是「common sense」，也就是**共同的認知**。

並沒有所謂的對錯之分，換言之只是數量龐大而已。如果有很多人說黑狗是白狗，那就會是白狗。這就是共同認知，也是常識這一詞彙隱含的一種意思。

「正確的道理」是**經過科學證明，符合邏輯的言論。**

伽利略・伽利萊（Galileo Galilei）大肆宣揚新發現的Ｆａｃｔ，最後屈服於常識（因為會偏離話題，這裡假設地動說為正確論點）。

肯定常識，否定Ｆａｃｔ就好比是很多人肯定「看著狗（確實也是狗）說那個動物是貓」的言論，否定「看著狗（確實也是狗）說那個動物是狗」的言論。

這樣不是很荒謬嗎？

沒有比大道理（真實）更好的言論，這句話絕對不是漂亮話（我在工作中經常擔任諮詢顧問，經常目睹在管理諮詢的會議上，提出基於正確道理（Fact）的建議後，卻因為客戶的高層一句「那不過是大道理」就被駁回的情況……）。

◎不要拘泥於自己的「正確性」

第3個要點是要抱持著**適當的懷疑**。

在社會上，經常會討論「懷疑」的重要性。在反覆詢問「為什麼」、思考解決方法和執行時，都必須抱持著懷疑的態度。

這裡我要提問。

「各位是否能夠正確理解懷疑的本質呢？」（就連我有時也會對這個論點失去信心）。

有一點可以確定的是，「懷疑」並不表示猜忌他人。**我認為「懷疑」的本質是尋找是否有其他可能性。**

舉例來說，當前輩告訴新進員工「考慮到工作效率，你最好改改現在的工作方式比較好」時，新進員工可能會想說「怎麼可能改，現在的工作方式很順利，所以我不會改」。

這不是懷疑，**只是停止思考。**

為了探索可能性，在工作上必須要**懷疑「現在的工作是否有更好的做法？」**。思考後的結果是，嘗試改變在意的部分，客觀地詢問周邊的意見，觀察周圍同事的工作方式，懷疑自己至今的做事方式，甚至懷疑自己的思考方式，如此才能促使自己成長。

然而，對主管或前輩的說話也不能不加以思考，直接言聽計從，毫無格調地回一句「我知道了」。

所以說當真的懷疑某件事（尋找其他可能性）時，應該如何思考呢？即使有人突然對你說「懷疑吧！」你可能連要做什麼「才能讓自己感到懷疑」都不知道，進而在思考中迷茫（我也是其中之一）。

這裡能派上用場的思考方法有前面提到的**演繹法和歸納法。**

各位聽過「演繹法」和「歸納法」這兩個詞彙嗎？

這兩者都是歷史悠久，合乎邏輯的探討方法。

演繹法的特點在於，無論是誰都會得到相同的答案。

例如：

1＋1＝2（如果成立）

2＋2＝4（也成立）

像這樣，**以無法否認的事情為基礎，再結合其他不能否認的事情，建立邏輯，進而找出新的真相。**

在演繹法中，如果前提錯誤，結論也會出錯。因此，重點在於「如何設定正確無誤的前提」。

此外，還要注意邏輯是否過於跳躍。要掌握演繹法，就要善於質疑前提，不盲目相信規則和理論。

以下簡單介紹與演繹法相對的歸納法。

歸納法的特點是**觀察多個現象，從中找出共通點後推斷出結論。**

現象１　蘇格拉底、柏拉圖、亞里斯多德是人類。

現象２　蘇格拉底逝世了。

現象３　柏拉圖也逝世了。
現象４　亞里斯多德也逝世了。
結論　　人總有一天都會死

這是掌握歸納法特點的代表性例子。其中，蘇格拉底、柏拉圖、亞里斯多德都逝世了，從這個樣本中提取出共同要素（人類），從而推斷「人總有一天都會死」。

歸納法還有一個重點是，要盡量蒐集沒有任何偏頗的樣本。因為在歸納法中，「忽略其他現象」可能會導致邏輯謬誤。

在先前的例子中，如果世上有不死的人，那結論就會完全不同。因此，要努力蒐集多方面的資訊，沿著邏輯展開思考。

歸納法和演繹法是前人建立的理論探討法，也可在自己思考時當作基本方法使用。

總而言之，演繹法是**結合多個不證自明的事實得出結論的思考法**，而歸納法則是**觀察多個現象，掌握其中的共通點，找出規律等的思考法。**

演繹思考法與歸納思考法

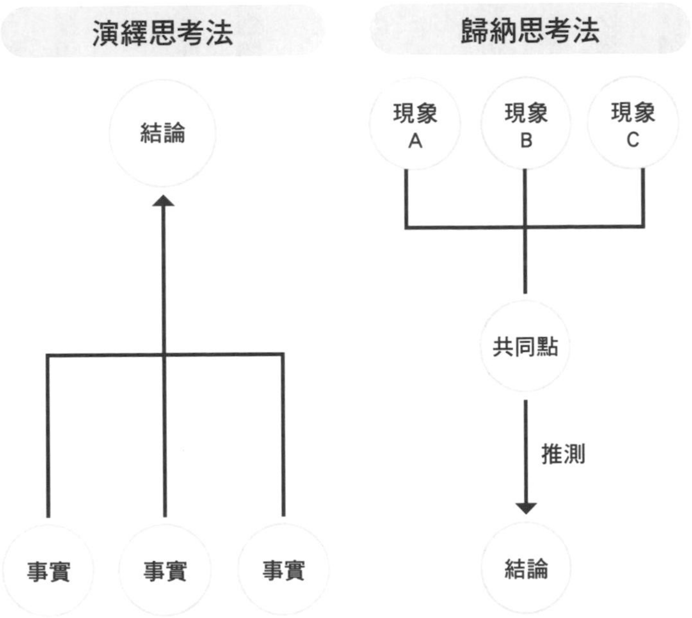

累積事實，得出結論

如果前提錯誤，結論也會出錯。因此，重點在於「如何設定正確無誤的前提」。

找出各現象的共同點，得到結論

「忽略其他現象」可能會導致邏輯謬誤（結論會完全不同），因此重點在於要努力蒐集不偏頗的資訊，沿著邏輯展開思考。

在什麼都沒有情況下，即使突然想要懷疑，往往也會得出偏向自身想法的答案。不過，如果採用演繹法或歸納法，一邊留意思考的方向，一邊「思考」，就能得出較為公正的答案。

尤其是**在找出真正原因的時候，有很多案例顯示，無論是採用歸納法還是演繹法，只要找到吻合的地方，就能得到「真正的原因」。**

◎不要過於相信成功的經驗

第4點，也是最後的要點是，**要有過去成功的案例，現在不一定通用的認知。**

「因為是過去成功的方法，這次也會成功」經常會看到有人反覆使用過去的成功經驗，但各位認為過去的成功經驗可以原封不動地適用於現在嗎？

請大家仔細思考。

史前時代的人利用長矛狩獵來維持生命。但是在這個有槍的現代社會，還會有人拿長矛狩獵嗎？

也就是說，過去優越的方法並非都適用於現在。尤其是與技術進步相關的領域更是如此。

那可以活用的成功經驗和無法活用的成經驗有什麼差別呢？

作為判斷的切入點之一，可以**從是否普遍這一角度來看**。

例如，生活在現代社會的小學生中，有多少人擁有30年前製造的遊戲機呢？但是，30年前的流行歌手所唱的歌，現在也受到人們喜愛。各位知道最近年輕世代在TikTok哼唱中森明菜和PUFFY的歌曲嗎？

也許功能性價值大多會因為技術的進步而不再普遍，另一方面，情緒價值可能出乎意料的具有普遍性。畢竟無論科技多麼進步，人類的DNA自西元一世紀開始就沒有出現太大的變化。

◎凡事都要從「為什麼」切入

到目前為止，已經介紹了4個要點。

接下來，我要向各位提問。

根據上述的解說，各位是否可以立即反覆詢問「為什麼」，找出真正原因（Why階段），並找到解決的方法（How階段）呢？

應該還是有人覺得沒什麼把握吧？遺憾的是，這些思考法都必須親身體驗，汲取失敗的教訓，不鍛煉就無法掌握。

不過，請參考我以下要說的話，把這些內容當作一個Tips（訣竅）。比起盲目的思考，我認為可以在想法已經整理好一定程度時解決問題。因為在連好球帶和擊球區都不知道的情況下站在打擊手的位置，某種程度上是一種有勇無謀的行為。

此外，在剛才的提問中回答「可以」的人**可能只是誤以為自己可以**。所有的商業書籍都說過，不要滿足於從書本獲得訊息和思考法，如果「不嘗試看看」就無法成長。

突然這麼說，各位可能會覺得唐突，但假設聽了專業鋼琴家的演奏，各位應該不會認為只要跟著模仿就能彈出一手好琴吧？

就好比看了職業棒球員的比賽，並不代表自己可以用一樣的方法打球不是嗎？

我認為思考和鋼琴、棒球是一樣的。

光靠閱讀並不能掌握思考法。

將書中的內容視為「訊息」即可。

為什麼？

就像方才所說的，就連我自己都懷疑包括這本書的商業書籍，每天都在尋找其他更好的方法。

真正需要的是「在現場思考、研究」

本章要介紹的是需求的本質。去唱卡拉OK的學生、去居酒屋的上班族，他們有共同的某個需求。購買流行服飾的人、在社交軟體上傳「漂亮」照片的人，他們也有共同的需求。各位是否有注意到這個需求的本質呢？

達也看了許多消費者的問卷數據，他不是看對自家公司商品的調查，而是看對與食品相關的大規模調查結果等，並對各種數據進行分析。在達也淹沒在大量資料中時，歐吉桑對他提出建議：

「我們去晨跑吧！」

清晨的陽光耀眼奪目，現在是早上6點，我已經好幾年沒這麼早起床了。

歐吉桑指定的跑步路線是位於肥皂工廠和印刷廠較多的下町地區。

「好久沒來這種工廠林立的地方了。」

「慢跑的時候順便參觀一下市場。」

「有什麼值得參考的部分嗎……？」棒球部的人可以從美術部學到什麼東西嗎？

反之亦然。**兩個領域做的事情完全不相干，要怎麼互相學習？太抽象了，總覺得沒辦**

法當作參考。我邊想邊喃喃自語。

如果是像飲料廠商Ａ公司出產的檸檬沙瓦一樣，都是食品行業當然就另當別論。老實說，很難想像從無論是行業還是職務，都完全不同的領域學到什麼。

我與歐吉桑一起在河川旁的慢跑專用步道慢跑。

那是發生在昨天，也就是星期五的事。

「好想吃拉麵。」我走向歐吉桑所在的地方，在走廊上喃喃自語。甜的巧克力、甜的巧克力、甜的巧克力……我不斷試吃公司的產品，甚至還夢到水龍頭流出巧克力。

我反覆查看顧客調查數據，依然不知道真相是什麼。覺得有點累，躺在休息室的長椅上，這時間沒什麼人，躺在這裡應該沒關係。

「想吃甜食。」歐吉桑坐在長椅上喃喃自語。

「我有帶我們公司出產的巧克力，要吃嗎？」

「我牙齒蛀牙了，不能吃啦！」

「那我們去吃拉麵吧！」

我一直在試吃和調查甜零食，覺得好煩好膩，要不要吃辣味拉麵？」

歐吉桑耳朵聽我說話，眼睛盯著智慧型手機不知道在看什麼。

「你前後文亂七八糟，聽起來真的很煩，要不要現在去跑步？」

「怎麼可能！你在說什麼！」

「那就明天！早上6點在◯◯川附近集合，跑老路線。」歐吉桑說完走向門口。

「什麼老路線？我根本沒有跟您一起慢跑過啊！重點不是這個！早上6點？就算是星期六，也太早了吧！」

「跑完我請你吃拉麵。」

「好的！」我馬上回答，這應該就叫翻臉比翻書還快吧？

我邊跑邊回想著昨天和歐吉桑的對話，現在大概已經跑了15分鐘了吧！

「才過了5分鐘而已。」

從歐吉桑嘴裡聽到令人絕望的話，我有點震驚自己的體力竟然變得這麼差。

人在沮喪的時候，會一個接一個地想起不安的事情。像是最近的調查工作，不知道自己付出的努力是否能夠得到成果，我覺得既焦慮又煩躁。

同期的同事已經在業務上取得好成績，或是藉由宣傳活動出現在媒體上，我卻什麼都拿不出來。我並不是特別焦慮，**只是覺得有點不安而已**，一定是這樣。

我抓著頭髮這麼想著。

「喂喂小哥，什麼事讓你這麼煩躁？」歐吉桑邊跑邊問我。

「我又沒有煩躁！」

為什麼會突然這麼問？是因為我皺眉嗎？還是因為我不親切？清晨的風吹在我的額頭上，好冷。

「不對吧，你就是很煩躁。」

「您為什麼會這麼覺得？」

旁邊散步的人用著奇怪的眼神看著我。

「小哥昨天不是想吃拉麵，而是想釋放壓力！」

「突然間說什……」我氣喘吁吁說不出話。歐吉桑看著精力十足，他到底幾歲啊？

「**『人們要的不是¼吋鑽頭，而是¼吋的孔洞』**你有聽過人家說過這句話嗎？」

歐吉桑開始說起別的話題，「我看穿了小哥真正的需求！」

我完全跟不上歐吉桑的節奏，就好像無論是慢跑還是思考都孤立無援。

真正的需求嗎？我扛著這麼大的壓力，是在做什麼？難道行銷說到底還是結果論嗎？我在做商品調查時就有這種想法。

「這裡不是專用道。」

「那就散個步吧！」

歐吉桑停下來走路，我也跟著歐吉桑的步伐走路。也不是這麼說，其實我從剛剛就是以走路的速度慢跑。

「為什麼要特地走這條路？」

「我不是說過嗎？光看同行的行動無法想出創新的點子！」

「餐廳還沒開喔！」

「這個罐裝咖啡很難開，我每次都得脫下手套。」

「今天天氣真好！」

……當我跑到正在休息的員工前時，聽到各種聲音。

我從未想過「易於打開」的包裝。

「如何？這就是調查真正的需求。**滿足客人的需求時，不應將這些都分開來看。**」

「我到目前為止都是在看食品業的大規模調查數據，所以我應該也看看其他行業的數據嗎？」我自言自語地說著，歐吉桑聽到後說了句「笨蛋」。

「一流的行銷才做市場調查！**人知道太多就會變得愚蠢。**」

歐吉桑接著說。

「我雖然是個歐吉桑，但年輕人的社群網站我都會看！我每天都在看Twitter和TikTok（笑）

你知道為什麼嗎？因為比起沒用的市場調查，可以獲得更貼近生活的資訊。小哥，你有在用社群網站嗎？」

「沒有，我要專心工作。」

「有時間看大規模的調查結果，不如把時間花在社群網站上！平時就要親身了解消費者的聲音和市場趨勢！」

我有點懷疑歐吉桑這句話是否正確，平時不都說現場很重要嗎？這不就跟之前說的話不一樣嗎？

在公司工作的時候，遇到好幾次主管說話一直改來改去，這個人也是這樣嗎？我皺著眉頭懷疑歐吉桑。

歐吉桑像是知道我在想什麼一樣開口。

「我不是要你只根據社群網站的資訊來寫企劃書，或是判斷市場動向。社群網站上也有假消息，我的意思是，你**不應該過於相信他人加工過的訊息**。

如果要舉個例子……對了！就像是小哥明明要調查的是魚，卻是去超市買魚罐頭一樣，我覺得大規模調查是相同的道理。是不是覺得有點離題（笑）。要了解魚，最好是自己抓魚、釣魚，妥善處理後吃掉。但時間有限，至少要去超市親眼看看魚，處理完後品味一番，做到能做到的即可。要用自己的雙腳去獲取更接近本質的資訊。」歐吉桑說了這段話。

我好像稍微理解他剛才說的話了。這和「親自前往現場很重要」並不矛盾。

回想過去的行動，自己似乎總是習慣根據他人的第一句話或隻言片語來判斷一個人。怎麼可能一句話就能看出一個人是什麼樣的人呢？我小小地反省了一下。

看了一下我的表情後。歐吉桑接著說。

「光看罐頭裡的東西，不會知道那條魚是什麼顏色、有什麼樣的花紋，不會知道牠是如何游泳的。這就是為什麼，我說**要自己親自去現場獲取或是靠近資訊**。

而且還能培養分辨該資訊真偽的眼光」

歐吉桑對我說。

「要怎麼樣才能學會如何辨識呢？」我問。

對此，歐吉桑表示「我沒辦法告訴你怎麼做，因為每個人的方法都不一樣，但只要稍微補足一點**分辨能力**，就好比可以分辨『２ｃｈ』上的訊息是真是假一樣。你知

道什麼是『2ch』嗎？」歐吉桑一邊伸展手臂一邊說。

結果答案還是得靠自己去找嗎？

「當然，最後一定要親眼、親耳確認。說到底，只要太過於注意某個訊息，就會出現偏差。」歐吉桑望著上空說道。

歐吉桑這些話在我的腦海中迴盪，之前沮喪的心情也好上許多。我至今從來沒有機會像這樣重新檢視自己的行為。

不知不覺已經過了一個小時，我們回到河邊，坐在明媚陽光照耀下的柏油路上。

「怎麼樣？心情好多了嗎？」

「比想吃辣味拉麵時好多了。我總算知道自己為什麼走投無路。」

歐吉桑一邊做伸展運動一邊開口。

「如果過著只吃拉麵的生活，就不會知道現在流行什麼樣的美食，**人會受到環境影響，導致眼前的世界愈來愈狹隘。**」

歐吉桑說的對。

「我好像看到廣闊大地，卻只盯著其中一小處。就連對獨自生活的自己也是。」

我凝視著反射陽光閃閃發光的河川，比起任何晨會，歐吉桑的一席話更讓我知道自己需要的是什麼，同時感到一陣睏意。

「過了5分鐘請叫我起來，我一定會醒來的。」

我躺在河堤上。

「也太突然了吧？好吧。」

歐吉桑一邊滑手機一邊回答我。

腦中想著今天的所見所聞，我不知不覺睡著了。

「喂！起來了！小哥！」

不知道從哪裡傳了聲音，醒是醒來了，但眼皮還是很重，於是我暫時假裝沒聽見。

STUDY

◎受到方法束縛就會失去目標

每當試圖了解需求的本質時，總會有人說「人們要的不是¼吋鑽頭，而是¼吋的孔洞」。

購買鑽頭的人想要的是「孔洞」，是為了鑽洞而買鑽頭。也就是說，**鑽頭是一種手段，目的是鑽洞。**另一方面，意外地有許多案例顯示，人在考慮需求時，經常會將手段和目的混為一談。所以在商學院中經常會聽到「鑽頭與孔洞」的故事。

甚至連孔洞也有進一步的需求，例如「為什麼需要鑽孔？」這就是「為什麼需要孔洞」的視角。

1908年推出福特T型車後，轉眼間人們搭乘的工具出現變化

如果我問人們想要什麼，
他們應該會回答「想要跑得更快的馬」
——亨利．福特（Henry Ford）

顧客打從心底需要的是什麼？

這裡想要傳達的是，找到人們所追求的本質（即需求的本質）。

需求的本質換句話說是「**為了什麼？（What is needs for the purpose?）**」。

人們為什麼會買流行服飾？

為了什麼看最熱門的韓國電影？

為什麼即使功能和廉價品差不多，還是選擇購買有牌子的產品？

為什麼想去迪士尼樂園？

這是因為**人在做一件事的時候一定會有目的和原因。就像**你會拿起這本書，一定也是有什麼理由。

聽到我這麼說，各位應該會覺得這是理所當然的事吧？然而，實際從零開始尋找人們潛在需求，經常會出現停止思考的情況。

本章將要介紹尋找需求的方法。

◎「經驗累積的資訊」最為強大

首先，在尋找需求的方法中，重點在於，**要從與平時完全不同的環境（世界）展開搜尋。**

舉個簡單易懂的例子，在汽車業製造現場工作的人，蒐集資料和思考的方法全部都傾向於與汽車有關（畢竟這是他們的工作）。因此，無論怎麼向公司內部的人尋求建議，也只會得到相似的答案和訊息。

但是，如果走出公司，例如向在娛樂或ＩＴ行業工作的人徵詢意見，可能會得到一些從沒注意到的想法和訊息。

也就是說，**如果不遠離同溫層獲取資訊，將永遠無法發現隱藏的觀點**。我將之簡化為「到處尋找會讓人覺得『原來還有這種想法啊！』的想法」。

那種觀點在書本、網路報導、Youtube等管道都可以搜尋得到不是嗎？各位是這麼想的嗎？確實，網路非常方便，資訊相當豐富，甚至可以稱得上是現代人的生活必需品。

這裡稍微聊聊其他話題，在大約10年前，直立式洗衣機在中國風靡一時，大家知道為什麼嗎？

是因為日本的洗衣機洗得更乾淨嗎？

不是的，中國是為了洗「馬鈴薯」開始使用日本的洗衣機。起因是有人發現，把馬鈴薯放進洗衣機裡滾動清洗，洗衣機也不會壞掉。

如果得知這件事的第一個發現者，在中國使用日本洗衣機做洗馬鈴薯的生意，一定能夠滿足許多人的飲食生活，並賺進大筆收入。

言歸正傳，上述活用洗衣機清洗馬鈴薯的案例，就是打破「洗衣機是來洗衣服」這一刻版印象的例子。

這裡我要再次詢問各位，「那種觀點在書本、網路報導、Youtube等都可以搜尋得到不是嗎？」各位是這麼想的嗎？

這就是本書一而再再而三不厭其煩所說的「親身體驗」。

當然，在網路上也可以查得到有人用洗衣機洗馬鈴薯。不過，在該階段得到的資訊，可以說是二手資訊。在當今這個競爭日益激烈的時代，網路可以蒐集得到的資訊，簡單來說是任何人都可以獲得，「**不再新鮮的資訊**」。

如果想要比任何人都更快獲得第一手資訊，就必須徹底掌握「當地實際的資訊」。

此外，為了解決體驗者的煩惱，實際提供服務的那方在親身體驗相關服務，會在不知不覺中創造出新的發明，例如胃鏡的鎮定劑。

一提到胃鏡，大多都會聯想到痛苦、難受、很痛的印象。對患者來說，這是地獄般的檢查。其他還有使用鋇劑的檢查，如果在鋇劑攝影中發現異常，為了進一步了解胃部的狀態，就必須接受胃鏡檢查。

有很多人都覺得，那不如一開始就做胃鏡檢查。因為無論是鋇劑攝影還是胃鏡檢查，目的都在於確定胃部的狀態是否健康。不過，在接受「一般」胃鏡檢查後就會知道，其實並沒有想像中那麼難受（經驗談）。

然而，最近在進行胃鏡檢查時，會在檢查前替患者注射鎮定劑，以此緩解檢查時的疼痛感。

依照我的經驗，正確來說是因為注射後會熟睡，「醒來時檢查已經結束」。因為是在睡著後進行，完全不記得檢查時的事情。

這是醫護人員在親身體驗胃鏡檢查，了解過程之痛苦，設身處地為病人著想後，想出的劃時代點子。

- 必須定期檢查胃部

←

- 但是患者很抗拒

←

- 因為很痛苦

解決方法是，是在胃鏡檢查時使用鎮定劑，而且患者也可以放心地接受胃鏡檢查。10年前很難找到提供這種服務的醫院，現在幾乎每一家醫院都都會提供這樣的檢查。多虧了醫護人員對強烈且根深蒂固的需求做出回應。

有時只有親眼看到、親耳聽到或是親身經歷疼痛，才能知道真正的資訊。

此外，若是想要獲得第一手的真實資訊，也就是說想要獲得高品質的需求，那在這個網路時代，就必須像刑警一樣用雙腳獲取資訊。

還必須從其他業界獲取真實的需求，將其反向輸入自己所屬的行業，並充分運用。因為**資訊可不是待在原地就能夠獲得**。

因此，書本和網路的資訊只能當作線索（提示）。換句話說，現在是躺在床上就能獲得線索的時代，而且由於智慧型手機，讓我們注意到表面需求的機會大幅增加。

最後想要聊聊不太重要的話，每當到了冬天，我就會非常想吃螃蟹（火鍋）。但是螃蟹吃起來很麻煩，「如果有更便於食用的方法就好了」，希望有人能發明出來。

我還想知道是否有辦法解決汽車雨刷的問題（歌手奧田民生在《Kuruma Car》這首歌中有提出這個問題）。

真希望有人願意開發。

「全方位考慮沒有得到滿足的需求」

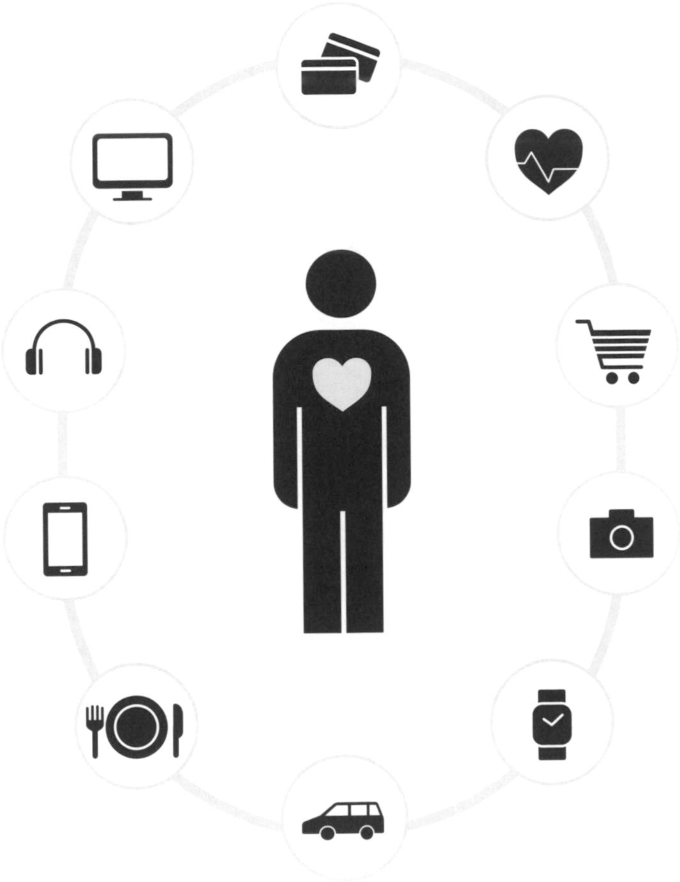

LESSON 5

建立「可以競爭的地方」

本章要介紹如何找到競爭的市場。
舉例來說，假設你身為製鞋公司的社長……你會在哪一個國家銷售你的產品？是在全國人民都會穿鞋的國家，還是穿鞋習慣尚未普及的國家呢？
如果能夠說出這個問題的答案和理由，也許你也會與達也一樣成長。

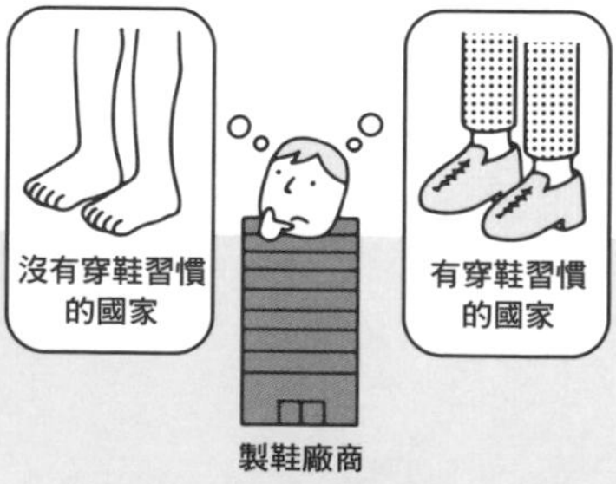

達也學會行銷的思考方式後，想出了一個覺得可能會大受歡迎的點子……

「不會沾到手的洋芋片？」

「對，最近吃洋芋片的時候想到的。吃洋芋片時會沾到手，所以很難一邊工作一邊吃。原本只考慮新產品，但我想說試著從另一個角度思考現有的產品。」

工作結束後，我在公園的長椅上和歐吉桑聊天。今天大樓要進行例行性的檢查，所以公司提早下班。

「嗯嗯～**利用現有的產品**是個好主意沒錯。」歐吉桑說。

我活用至今歐吉桑教我的知識，向他提出對新產品的想法。

「不過有那麼多人會在工作的時候吃洋芋片嗎？**從需求薄弱的地方切入，是沒辦法**

建立地位的喔，你沒有這種經驗嗎？」歐吉桑邊說邊打開罐裝咖啡的蓋子。

歐吉桑的話讓我深受打擊。仔細想想，我從來沒有在公司的垃圾桶裡看到洋芋片的包裝。

「就像轉筆一樣……」我想起痛苦的青春歲月。

「你說詳細一點。」因為歐吉桑這麼說，於是我向他講述了我灰暗的青春回憶。

「我高中的時候就已經完全掌握了轉筆的技巧，因為我想要出名，想受到大家歡迎。但是在我就讀的高中裡，同學都對轉筆這種事情沒興趣，大家都在拚命地學習。」

我用放在胸前口袋裡的園子筆轉了4圈……在那之前筆就掉了。

「你不是應該要做得很好嗎！」歐吉桑說，我做事總是這樣。

「說是要找到需求，但不知道要按照什麼順序進行，是想出很多點子，還是把一個點子做好？」

我是一個想到最後，依然認為品質比數量更重要的人。如果記錯公式，就算用這個公式解決100道題目，答案也都是錯的。

於是歐吉桑對我說。

「先不說品質，假設你手裡拿著一個飛鏢，投擲100次會中10次，那小哥要投多少次才會拿到第1名？」

「那樣的話是100次。」

歐吉桑接著說。

「**沒有限制次數，所以不管是要投1000次還是2000次都可以。**這就是商業的世界，跟體育和學習不一樣，所以想到什麼意見就拋出去。

不過不能忘了，要找到正確的需求後再著手，這就是小哥重視的『品質』。在沒有溫泉的地方，不管挖多少個洞都沒有用，只是搞得滿身疲憊而已。」

「我曾經限制了自己拋出點子的次數。」

我回答歐吉桑，我從來沒想過這個問題，或許公司裡的那個營業部長、課長還有

眼前的歐吉桑，站在打擊區的時間都比我長得多。

我把喝完的空罐投進距離大概有2公尺遠的垃圾桶。

哐啷一聲，空罐子掉在地上。歐吉桑說「不是吧，這個距離應該要投得進去才對啊！」。

「**光靠熱情、技巧和感覺是無法成功的，這就是商業世界，也是行銷的世界。**」

歐吉桑說完這句話，從遠處把空罐子投進垃圾桶，而且空罐子「準確地」掉入垃圾桶中。

原來如此，我理解了。以剛才的計算題為例，記住正確的公式後，解決很多道題目。只是與學校的學習不同之處在於，課本上並沒有寫需求。

歐吉桑有點得意洋洋地說。

「我來講講我高中時的事情吧！」

歐吉桑的高中時期……會是什麼樣的高中生呢？難道從以前開始他就擅長用這種

方式思考和分析嗎？

「我高中時在一家海產店打工。以前生魚片都是切成大塊大塊在賣，年輕人不太喜歡。當時那條街的年輕人愈來愈多，我想說如果這些人願意買生魚片，店裡的營收就會增加，給我的薪水也會提高。」

所以我仔細觀察經過店鋪的年輕人心裡在想什麼。年輕人對大塊生魚片的想法是『切魚片很麻煩』、『要拿去朋友家當下酒菜很麻煩』。

「聽到內心想法是超能力吧……」我喃喃自語。

「不是超能力，只是留意了一下**幾個人經過門口時的對話和眼神**而已。」

歐吉桑接著說。

「因此我理解覺得『切大塊生魚片很麻煩』的人，他們的需求是『一開始就切成片販售』。

而且，在我看來經過店門口的年輕人中有8成的人都有一樣的想法。

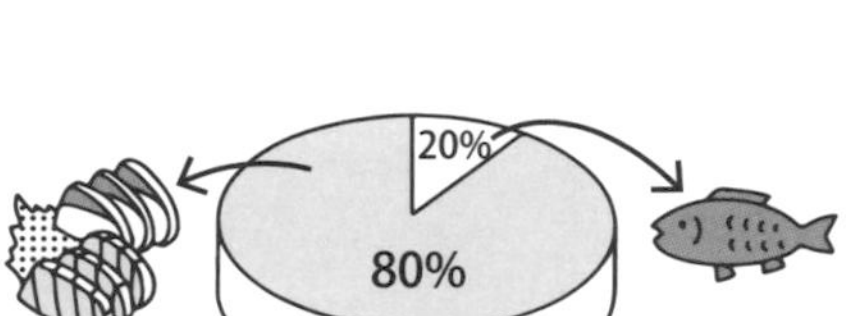

之後我向老闆提了很多建議，像是提供切片服務啦，還有放一些不用切的小魚販售啦，現在超市會賣的生魚片，就是我推廣的。」

歐吉桑得意地說。

「順序是**了解需求，調查分母是否足夠，最後拋出想法**。拋出想法時，擊球率並不重要，總之先提高數量。」

聽了歐吉桑的話，我喃喃自語。

「我當初沒有確定需求的母數。無論是提出新產品的想法，還是高中時代的轉筆都是。」順序很重要。

「你不會先煮水、切菜後再決定晚餐的菜單對吧？一樣的道理。」歐吉桑表示。

如果我是在高中時遇到歐吉桑，可能可以因為轉筆能力以外的原因而受到歡迎——我一邊想著這種事，開始把想到的點子寫在筆記本上。

天已經黑到幾乎看不清楚筆記本上寫的字。

「已經天黑了啊～」歐吉桑喃喃自語。

我在筆記本的最後寫了今天的日期，4月1日……

「剛剛那個故事該不會是騙人的吧？」

「哈哈哈！被發現了！」歐吉桑笑著說。

「櫻花真漂亮啊！」

「那是梅花。」

「沒關係啦！賞花的人根本不在意那棵樹是櫻花還是梅花，只是看著漂亮的花朵與他人聊天，就會覺得心情舒暢，心滿意足。」

「喔！看來你知道我的意思了。」

公園旁的自動販賣機裡的罐裝咖啡已經賣完了。

STUDY

◎ 產出優秀想法的共同手法

在說明之前，我想問各位一個問題。

你們覺得「創新」是如何產生的呢？

是天縱英明的經營者想出的劃時代點子中偶然產生的嗎？

不，不是的。**創新並非按照規定的順序行動就能產生。**

此外，我認為創新的必要條件之一是「**找到自己戰鬥的地方**」。

各位會在一年四季都是盛夏的熱帶地區，販售暖爐和防寒用品嗎？

當然不會吧？會一邊祈求地球氣候變化一邊開店嗎？怎麼可能呢。

可能極其偶爾，會有人在炎熱地區購買一件羽絨外套，但這種人的數量應該很少（在商業市場中找到加入的市場與尋找需求有關，而市場開發的前提是擁有「大量」的母數。）

由此看來，確認自己要戰鬥的地方顯而易見是非常重的事情。然而**實際上，進入商業界後，能夠做到這點的企業並不多。**

本章將針對創新的必要技能——如何找到戰場，說明我的思考順序。

許多人會提倡新事業開發和ＤＸ（數位化轉型），設法將自己也搞不太清楚的問題言語化，在自家公司都還沒有嘗試過的情況下，卻雇用似乎帶著解決方案的專業領域人才。當然，他們不知道也不了解自己鎖定的市場的狀態，而且從外部雇來的人才對現場不了解，因此對事業的理解也不深入。

對於這種對策，更正確的說法是，裝作在嘗試新事物。

沒有根據的想法創造出的事物只是在浪費時間。新措施只求看起來「有在做的感覺」，當然得不到任何結果。不知目的，即便往前走也走不到任何一個地方。

作為管理顧問，尤其是在與新成立的事業部合作時，經常會看到這樣的情況：沒有「想要做些改變」或是「解決社會問題」的雄心壯志，愈是大型的企業，中途從外部聘請來，幹勁十足的職員，在了解內部職員「有在做的感覺」的現實後，就會不知不覺地銷聲匿跡。

讓我們把話題拉回尋找戰爭市場的方法。

這就跟地圖一樣。認清自己現在的位置，先想像或理解自己要朝哪個方向前進、到達那個地方會有什麼好處後，再選擇方便行走的鞋子、衣服或交通工具等。

就如前面提到的「有在做的感覺」，不良案例中，目的地尚不明確，只是備齊了鞋子和衣服而已。換句話說，目的和手段的順序對調。

如果要用別的例子來比喻，可以用學習的方法來說明。

請各位一起回想小學、國中的時候。

即便為了中文測驗，練習寫了相當於一本筆記本的國字，但如果作為範例的國字有錯，當然就無法在測驗中回答出正確答案並獲得好成績。

嘗試的態度重要歸重要，但**若是沒有清楚地知道自己要前往的方向、為了什麼而做，那就無法取得想要的成果，甚至會離真正的目標愈來愈遠。**

◎創新的途徑

以下舉出的思考方式只是我為了產生出創新的想法，當作軸心的思考法。但我認為「３Ｉ」在產生創新想法的順序來說能夠發揮出效果。

Imitation（模仿）

↓

Improvement（改善）

↓

Innovation（技術革新）

是不是很像日本武道的「守・破・離」呢？剛剛提到的某個大企業，經常會不遵守這一順序，**一開始就把目標設在Innovation。**

敝公司在提供數位化轉型的諮詢時，也有不少客戶在追求「魔杖」。如果真有那種好事，我當然會用在自己的公司（笑）。

我的公司提倡「如果想做創新的事業，就捨棄魔杖」。再補充一點，這類案件首先要改善的就是，客戶將事情全部丟給顧問的心態……暫且不論這個問題，即使擺出要

腳踏實地實現創新的思考法

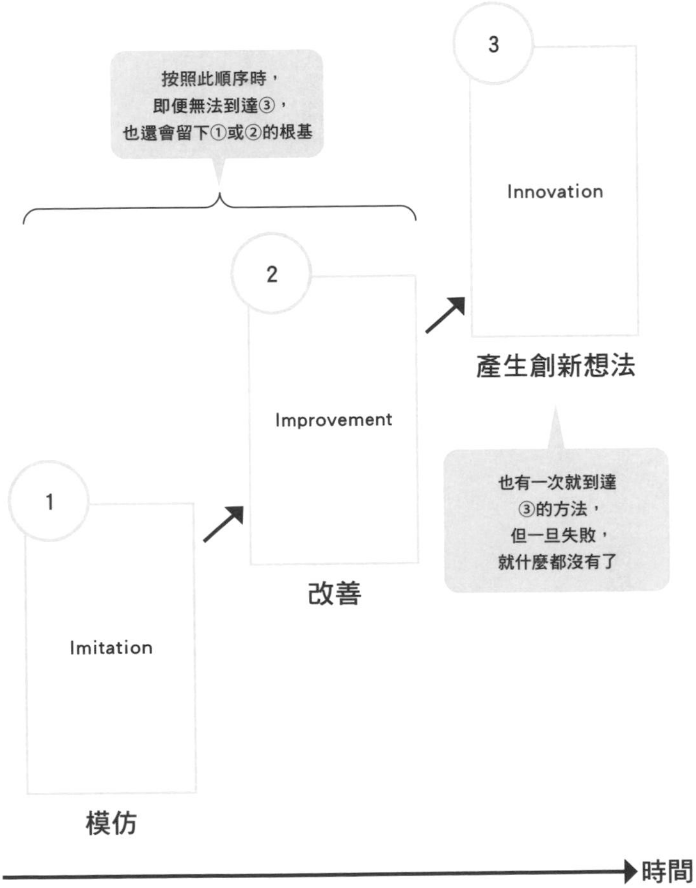
按照此順序時，
即便無法到達③，
也還會留下①或②的根基
3
Innovation
產生創新想法
2
Improvement
改善
也有一次就到達
③的方法，
但一旦失敗，
就什麼都沒有了
1
Imitation
模仿
時間

做些什麼的姿態（建立組織），**如果沒能鎖定目標地和鎖定那個地方的根據，最終依然什麼都做不到。**

說到尋找自己戰鬥的市場，以日本國內的連鎖義大利餐廳為例。那家餐廳經常在社群網站中引發爭議。

當許多餐飲業都將點菜流程數位化時，該公司採用與時代變遷背道而馳的點菜方式：**要顧客將要點的餐點寫在紙上。**

也就是說，在數位化轉型的時代，卻每張餐桌上都放有紙張和原子筆。

為什麼該公司會採取這種方式呢？是單純想做一些與眾不同的事情嗎？事實上，日本許多餐廳所使用的平板點餐系統（類似iPad的面板），有許多客人並不會使用。這家公司考慮到這種情況、自身的客群以及人事費用與採購費用，決定不參加數位化這個市場。

在客人不斷詢問平板點餐系統的使用方法時，員工反而會為了說明而耽誤時間。在觀察前來光顧的客群後，該店決定不用平板點餐系統，而是使用紙、筆來點餐。我個人覺得，餐桌上沒有平板占位置，位置更寬廣、舒適。

此外，這家餐廳一定不是先在自家店面安裝平板點餐系統，觀察客人的使用情況，而是到有安裝平板點餐系統的餐廳考察並親自體驗。

在現場親自體驗時，可能得創造出試驗的環境，但有時**也可以利用已經存在的環境。**就算不用親自驗證，透過實地考察也能獲得相同價值的資訊。

許多公司不惜重金進行ＰＯＣ（概念驗證，指試做開發前的驗證），但實際上，調查其他公司的案例，或是以客人的身分去體驗其他公司的服務，就能夠驗證。**在當今這個時代，甚至沒有必要在公司內部花錢進行ＰＯＣ。**

回到前面提到的餐廳案例，觀察許多餐飲店使用平板點餐系統的情況（這個階段不是模仿，但是將其他公司的情況代換成自己的店鋪來思考，因此稱為Imitation）。慎重考慮自家公司的客群、人事費用、單價等，決定採取相似的點餐方式（Improvement）。最後採用該點餐方式，於人事費效率成本上做到Innovation，而且還不會造成顧客滿意度下降。

順帶一提，該餐廳還採取了一個引人注目的策略，即**定價**。

在日本，98策略（為了看起來便宜一點，將２０００日圓的商品定價為１９８０日圓）是常見的做法，但是這家餐廳的定價是含稅300日圓、含稅500日圓，讓數字顯得更為合理。

各位覺得這家餐廳為什麼會這麼做呢？只要去那家餐廳觀察客人的行動約５個小時就能知道。

雖然沒有直接詢問答案，但我認為大概是為了讓客人更容易計算出自己點了什麼，點了多少。

我在公司裡為了尋找那個原因進行了偵查，結果得到的其中一個答案是「最適合分帳」。在午餐時段到晚餐時段之間的時段，那家店是年輕人經常光顧的選擇，店內也經常會理所當然地配合分開結帳，詢問客人「您是付多少錢？」。

換句話說，在分帳時計算上相當輕鬆。這絕對不是什麼高級餐廳，只是間價格低廉的餐廳，但對客人來說是個很友善的服務。

當我親眼目睹，在看到分開結帳如此輕鬆，有許多人會說「那再點一道吧？」時，不禁感嘆「薩〇亞也太厲害了」。

這是在徹底觀察市場客人的特徵後選擇的戰略。我重新仔細思考後發現，這是一個以需求為基礎的定位策略之一。

◎成果是乘法

現在無論什麼都在數位化，所以才會聘請精通數位的人才。然而，不管過了多少年，依然沒能讓任何一位客人滿意。出現這種情況的日本企業意外地多（經驗談）。

所以要怎麼做才能找到自己應該戰鬥的市場呢？

就如同上述的案例一樣，按照３Ｉ的順序**親身體驗，提出假說，進行模仿（真正的意圖是了解同一階層的競爭狀態），並反覆改良。**在這個過程中，可能會因為無心的一句「這樣如何？」就會找到創新的切入點。

當然也有一發逆轉的方法，但在非娛樂的產業中，如果沒有足夠的財力，挑戰「賭一把」可能會面臨有勇無謀的風險。因此，敝公司大多會先建議採取３Ｉ步驟。不過，一旦大致決定了方向，就必須要不斷累積「總之先試試再說」、「屢次失敗」、

「再次改進」的經驗。

我在學生時代時，曾為了瞭解肺癌的結構，做了受損ＤＮＡ的研究（在國際論文上也有發表）。我從中得知，正因為是偉大的發明，才需要以許多研究者的研究為基礎而實現（我深知自己的研究是日後某個偉大發明所需的基礎之一，所以才會努力地解決問題。當然我也知道，自己和負責的教授絕對不會因此受到關注）。

回到原本的話題，如果想要取得顯著的成果，一開始就請按照本章所寫的方法，一步一腳印地往前邁進。

我所知道的是「成果是乘法運算」。

將「腳踏實地的方法」和「嘗試次數」相乘。

找到方法後，不斷地嘗試。

沒有人限制尋找和進入市場的次數，不是嗎？

從出生到現在，我們一直生活在某種限制中，例如可以參加學校考試的次數、可以參加多少次就業面試等。但是學習和練習並沒有限制次數，只要是取得成果的過程，就可以反覆嘗試。

在工作中也是如此。找到方法後總之先試試看，不要想著一步登天，要從失敗中找到突破點，重新思考後前進。

在尋找戰鬥的市場或是獲取成功時，要百發百中是不可能的。

現在各位腦中想像得到的成功者，都是經歷多次挑戰後好不容易得到這樣的成果。

不過，無論多麼符合市場的需求，**如果價格定得不好，對人們來說也絕非必要。**

這是另一個必須銘記在心的商業要點。

不管是多麼寒冷的冬天，如果暖爐一臺賣100萬日圓，一般人根本不可能會考慮。

或是平常經常光顧的網路商店將運費提高到1萬日圓，即便再方便也不會讓人想消費；就算超市開在離家只有1分鐘距離的地方，商品太貴，也不會想去光顧。

也就是說，**是否具備「一般大眾的意識」**很重要。

順帶一提，敝公司是一家行銷公司，公司內明言禁止搭乘計程車。因為如果想要了解世界上所謂的「普通」，就應該要多多親自體驗日常。身為社長的我，原則上也是禁止搭乘計程車。

請各位試想一下。

一個總是請專業清潔人員打掃家裡的人，有可能開發出在百元商店販售，方便好用，大家都會購買的清掃工具嗎？

每天都吃外食的人，會想出要製作冷凍食品嗎？

並不是說人絕對不可以奢侈。

而是為了帶動市場，**必須先了解大多數人的「感受」**，這是身為行銷的必要條件。

思考要怎麼做
才能讓他人感到開心

本章要介紹的是考慮對方需求的重要性。
自己和他人當然不一樣，沒有人可以100％了解他人，但是可以推測。關於推測的方法，就由已經習得行銷視角的達也來進行說明。

就算打掃歐吉桑不再是打掃歐吉桑，歐吉桑也是個了不起的人，所以他不是一個普通的歐吉桑。

企劃部的我離開企劃部後……一定就只是個普通人。

這是達也在聽到同期進公司的同事要辭職開公司後的感想。

「新的企劃案被駁回了。」

工作結束後，我像往常一樣坐在休息室的長椅上與歐吉桑聊天。

「得到的評語是不是『看不到未來』、『總感覺會很辛苦』。」明明他們什麼都沒有在想。一想起當時他們說這些話的嘴臉，我就覺得煩躁。

歐吉桑接著說了這段話。

「對於那些沒有幹勁的人或是毫無根據就否定自己的人，你必須要攻略他們。因為你的顧客有兩種，分別是**主管和市場上的顧客。**」

歐吉桑將手伸到我眼前比ＹＡ。

蛤？這個歐吉桑在說什麼？

「不賣市場需要的東西，就沒辦法做生意不是嗎？就算主管高興，市場不高興的話，我們的存在不就沒意義了嗎？」

我反駁道。無論何時我不是都應該滿足市場的需求嗎？

「你說的對，但是你要怎麼跟主管說？『你不是我的客人，你給我閉嘴』這樣嗎？說了這種話，吃虧的也只有小哥而已，搞不好還會被排除在企劃之外。」

歐吉桑笑著說了一段讓我背脊發涼的話。

「**那世界上所有的服務都是取悅主管的結果嗎？**」

我沒辦法認同不說法，只好反問。

「也許吧！只有一小部分人會致力於讓世界變得更美好。說起來悲傷，不過就算我說大家都只顧自己的事，你也懂吧？畢竟我第一次見到小哥時，你也是一樣。所以在這種情況下，首先應該蒐集會讓那些只為自己著想的人感到開心的資訊。」

我回想這段短暫的上班族生活，得到的結論是，這個可悲的事實確實有可能發生。畢竟我以前就是那樣，我並不想在公司裡出人頭地，但與同期的同事相比，我深受自卑感折磨。直到與歐吉桑相遇之前，也絲毫沒考慮過客人。

那我要怎麼讓那些人動起來呢？不知道是不是發現我頭腦打結，歐吉桑問我。

「我問小哥一個問題。除了那些致力於讓世界變得更好的人以外，**一般人會因為什麼而覺得開心呢？**」

我用自己的角度試著回答「工作輕鬆或是薪水調漲？如果工作減少變得輕鬆一

點，或者銷售額增加，薪水隨之增加，可能就會有動力。」

「是啊。」歐吉桑接著說。

「**讓主管心情好。**當然，也有很多好主管，但是其中也有很多人會覺得應付新事物很麻煩，所以不想做。在面對這些人時，拿『有用的資訊』來應付可能會有效果。」

聽了歐吉桑的話後我若有所思。從結果來看，自己的薪資上漲，對整個公司也有益，難道會是壞事嗎？

不管再怎麼無所畏懼，也會有束手無策的時候，我微妙地被說服了。

歐吉桑像是在偷看我的側臉一樣看著我，接著一臉嚴肅地表示。

「不過，也有主管是因為正當的原因駁回小哥的企劃案。主管應該有他自己的考量，不要認為『這個人看起來沒有幹勁』或是『反正他就是不喜歡我』，**瞧不起別人對自己沒有任何好處。**

有點偏激也沒關係，但是不要瞧不起別人，**絕對不可以**。」

我只能含糊地點點頭。

的確，我過去一直瞧不起那些看起來毫無幹勁的人，而且我也沒有取得什麼成就。

沉默了大約15秒，好像是要緩和略為凝固的氣氛，歐吉桑的聲音在房間裡響起。

「好了，歐吉桑的說教到此為止。希望小哥能夠成為為了讓世界更美好而工作的人，而且希望你將來成為，面對像小哥這樣的下屬提出的問題，能夠確實回答出答案的前輩。」

對於下屬的提問？我以為歐吉桑會說，那種事自己查一查就知道了，真意外。

歐吉桑繼續說。

「最理想的環境是下屬可以毫不猶豫地提出問題，主管也可以回答出正確答案。**尤其是當今的日本**，必須要不斷營造出這樣的環境。」

「**思考的方式只要有一點不同，像是抱持著『就是這樣』的心態工作，與抱持『因**

為有這樣的理由』、『因為有這樣的過去』的想法工作，得到的結果會天差地別。」

回想起來，歐吉桑每次教我什麼知識的時候，總會連同理由都告訴我。

「反之亦然，**下屬也有必要準備好能夠說服主管的資訊。**所謂的主管，不只是指企劃部的主管。」

「是啊，不僅要向部長傳達想法，還要說服上面的社長。」我說。

口有點渴，我站起來走向自動販賣機。

「小哥等一下！你要不要喝杯特別的咖啡？辦公室前面停著一臺麵包車，賣著好喝的咖啡。」

「我想喝！」我走向自動販賣機，卻發現平時總是放在口袋裡的錢包並不在預期的地方。

「我可不會白白請你喔！」歐吉桑說。

「從現在開始，小哥是在辦公室樓下一家咖啡公司的企劃部工作。你想要告訴主管，在那個辦公室旁邊販售冰咖啡，能夠提高銷售額。在提議時必須要準備什麼樣的資訊呢？請把根據和證據都準備好。」

「我、我知道了！」可能是因為緊張，我的口愈來愈渴。我一邊在便條紙上寫作為理由的根據，一邊用智慧型手機查詢必要的數據。

在此期間，歐吉桑從休息室的窗戶往下看正在賣咖啡的麵包車。

「讓您久等了！我準備好了！」

這彷彿是至今所學的總複習，就像是在接受測驗，我有點緊張地開口。

「建議在○○公司辦公室前賣冰咖啡，這有助於提升銷售額，原因有3。

第1，天氣炎熱時，為了降低體溫，人們會想喝涼爽的飲料。也就是說，冷飲在夏天會賣得很好。相反地，身體冰冷時，就會想要喝熱飲，這是數據。」

我用智慧型手機展示了各季節飲料銷量的圖表。

「第2，上班族喝咖啡的機率很高。」我展示在工作中喝咖啡的人數比例表。

「第3，這個辦公室離車站很遠，周邊店鋪不多，換句話說，競爭者很少。如果想買什麼，只能選擇自動販賣機或是走一段路去便利商店。以上就是我舉出的主要原因。」

「小哥，你是吃錯藥嗎？你的樣子和之前在自動販賣機前沮喪的時候完全不一樣耶！」

歐吉桑有點吃驚地看著我。

「說明時要稍微出示一些必要『數據』，**人知道太多就會變得愚蠢**，這不是您說的嗎？」

實際上，我準備了關於咖啡的問卷調查結果，打算參考「人為什麼一到夏天就想喝冰咖啡？」、「為什麼上班族會喝咖啡？」這些數據。但是我想起歐吉桑說這些並不是必要的數據，因為這些數據的**重點在於「意識」而不是「行動」。**

即便問的不是實際行動，而是人們的印象，那也不過是印象而已

不以事實為基礎的數據，與顧客喜歡的「事實」相去甚遠。**這是我們以俯視的角度，推測客人「會喜歡吧」而製作的數據。**

「我以往都認為，用來輔助主張的數據，錯綜複雜看起來很巧妙的數字，會更有說服力，但是實際到現場觀察後發現，**數據和理由愈簡單愈好。**」

「那就麻煩您請我喝杯咖啡吧？」

「你……」歐吉桑是覺得感動嗎？我有點興奮。

「你只是忘記帶錢包吧？」

「……被您發現了嗎？」

「怎麼可能沒發現，好吧，我請你喝一杯，今天真熱。」

我單手拿著咖啡跟著歐吉桑。

「小哥已經能夠活用至今學到的知識了呢！」

「這都是多虧了您，謝謝。」但是我還有很多想學的知識。

一陣舒適，能感受到春天將至的風吹向我們。

「為什麼上班族會喝咖啡呢？」歐吉桑問。

「因為其他人都在喝不是嗎？那個工作能力很好的○○部長在喝咖啡！看起來好帥，我也要喝，之類的。」我如此回答。

「也許也有這方面的原因。」歐吉桑笑著說。

我還記得不久前自己說過一句話「行銷只適合有才能的人」。我在遇到歐吉桑之前對行銷一無所知，在這個世界上可能有許多像那時候的我一樣的人。

「小哥，我要給你禮物。」

「怎麼好意思。」總是歐吉桑在付出。

「並不是什麼東西，我要送的是你以前對我說過的話。」

接著，歐吉桑豎起手指開口。

「那種事怎麼可能會流行。

那種事怎麼可能做得到。

最後還是無法戰勝財力。

我不是在說漂亮話

世界上有各式各樣的人，只有這種人才會過著無法理解消費者心情的生活。去跟

這樣的人這麼說。

你們這些住在高樓裡的有錢人，能夠理解普通人的心情嗎？」

歐吉桑大聲喊叫，麵包車裡的人看向我們這邊，他不覺得有點丟臉嗎？

清了清嗓子後，歐吉桑繼續說。

「**不了解普通人心情的人不可能成為行銷，要想進入市場，打動大眾，就必須了解大眾的心情。**」

到了交岔路口時，歐吉桑說道。

「我已經沒有可以教你的東西了。」

突然間他是在說什麼？我還在想要怎麼回答，歐吉桑接著說。

「開玩笑的，我只是想說說看這句話而已。我還有可以教的東西，但是小哥已經具備靠自己去尋找的能力，所以今後你就自己教自己吧！**畢竟只要一直裝著輔助輪，就不可能學會騎腳踏車。**」

歐吉桑說的話，就像洗臉的時候肥皂泡泡跑進眼睛，或是像便利商店關東煮賣不完的白蘿蔔一樣，刺痛著我的心。

「我知道了。」我走向跟歐吉桑不同的方向。

我聽到遠處傳來一個聲音，似乎是歐吉桑在喊我，我回頭一看，他正在大聲說：

「最後一個問題！

你說普通是自卑感，但那真的是自卑感嗎？」

說完再見，歐吉桑就走了。他說這是最後？

那天之後，休息室再也沒看到歐吉桑的身影。我在休息室的長椅上發現一張紙條，上面寫著：

「若想要和設立萬聖節之人一樣了不起，就邀請他們參加有趣的聚會。再見。」

STUDY

◎只回應「對方需要的事物」

如果一個很久不見的朋友向你推銷保險，你會做何感想呢？

不覺得自己遭到背叛嗎？

原本想和許久不見的朋友聊聊天，結果朋友卻要向你強行推銷保險，應該會覺得很失望吧……

這是因為你的需求和朋友的行動並不一致，才會覺得厭惡。

不管自己認為有多好，如果對方覺得非必要（對方不需要），理所當然地，那就毫無價值。

就好比不想閱讀的時候，就算有人推薦向你哪本書好看，是不是也會想說「先放著等之後想看的時候再看」呢？（我就是這樣）。

我認為像推銷保險一樣的「不一致」是「商業上常有的事」（例如在開發新業務和企劃新產品時）。不過，各位應該會覺得很奇怪對吧？就如同我在第5章所說的，企業在開啟某個新事物時，會先提出假設，再尋找戰鬥的市場，並在事前進行市場調查。

換言之，在知道其中很有可能有所需求後，才會進行新事業開發或商品企劃。然而，當打開蓋子一看，卻發現實際上根本沒有需求。最終製造出的商品與顧客的需求天差地別的情況並不少見。

發生這種情況的原因有2個。

①需求不同

②搞錯調查方法

①的部分在第4和第5章已經說明過了，這裡主要介紹②。

◎沒有生產力的人所面對的市場調查高牆

市場調查的最大前提是目的，各位知道是為了什麼而行動嗎？

如果是為了確認「人們需要什麼？」，那根本是大錯特錯。

起碼要從日常生活親自藉由感官了解需求（根據我的經驗，從頭到尾都是透過市場調查了解市場需求的人，並不適合行銷這一行）。

接著，如果認為有必要進行市場調查，那就放手去做。在這種情況下，市場調查的目的是**為了確認「自己提出的假設是否正確」。**

市場調查的使用方法上也必須注意。

首先是**打聽訊息的方法**，換句話說，應該從人們口中獲取訊息。

輕鬆從市場調查中獲得啟發，那能做的行銷程度也不過如此。正如我在第4章所說的，必須從現場、實際的事物中獲得發現和需求的提示（假設）。

再說一次，市場調查的目的是，為了確認自己提出的假設是否正確。

為此，以下要介紹的是重要的要點。

一言蔽之，即「**確認事實而非意識**」。

在世界上進行意識調查的目的是什麼呢？我不知道。

例如，你計畫在某個地區舉辦結合撿垃圾和音樂會的活動。

首先，必須驗證人們是否有強烈的需求，以及需求的母數是否夠多。

假設你委託一家調查公司對人們進行意識調查。

首先是詢問人們對亂丟垃圾的關注程度，再觀察是否有舉行該活動的需求。

意識調查的問題設定為「您認為亂丟垃圾是否不好？」

基本上大部分的人都會回答「不好」。另一方面，作為一位管理顧問，我經常會遇到的案例是，把這種意識調查當作古代人的隨身藥盒一樣隨意使用，跳過層層邏輯直接得到「贊成撿垃圾活動」的結論（這種情況非常普遍）。

所以對於這種撿垃圾的活動，應該要怎麼調查才好呢？其實詢問的方式有好有壞。

第一種詢問方式是問說「是否想要參加撿垃圾活動？」，但實際上，這個提問方式還是很難問出實際的情況。如果想要得到更準確，卻又不離題的結果，直接提出確認事實的提問會更有效果，例如「過去兩年，你有參加過撿垃圾的活動嗎？」。

沒有什麼比事實（行動結果）更好的證據。

愈有能力的行銷愈重於確認事實。在我認知中，確認意識在商業界是「弱勢」。

常見且失敗的調查例子

〇〇效果驗證的〈問卷調查〉

① 試用〇〇後覺得好用嗎？

YES　　NO

② 您認為下列 3 者哪一個更貼近〇〇的優點？

a 金額　　b 功能性　　c 設計

③ 您會推薦〇〇給其他人嗎？

YES　　NO

✕ 具有誘導要素

✕ 具有誘導要素

改善例

〇〇效果驗證的〈問卷調查〉

① 您一週使用幾次〇〇？

a 0次　　b 2次　　c 3次以上

（回答 b、c 的客人）

② 您認為下列 3 者哪一個更貼近〇〇的優點？

a 金額　　b 功能性　　c 設計

③ 以下哪一個價格，會讓您更有意願購買〇〇？

a 100日圓　　b 500日圓　　c 1000日圓

從另一個角度來看，如果只是思考，而不付諸行動，最終的結果就是沒有行動，因此，這個情況可以解釋為沒有強烈的需求。

若是想獲取關於需求度和母數的訊息，那「你平時是否會隨手撿拾路邊的垃圾？」這個問題會更簡單、明確。**獲得的不是意識，而是基於撿垃圾這一事實的訊息。**也就是說，更容易得到關於計畫撿垃圾等活動的有用訊息。

◎我們思考的方式一般比想像中的還要偏頗

然而，僅憑這些還不夠，蒐集資訊還**需要考慮其方法。**

例如，有一種調查的方法是，將許多人召集到同一地點進行小組訪談，但以剛剛的例子來說，在與從未謀面的陌生人組隊，並在有限的時間內，有辦法如實回答「平時是否會隨手撿拾路邊的垃圾？」這個問題呢？

每個人都希望自己看起更體面，也會自然而然地覺得沒必要讓其他人看到自己不好的一面，所以說話時會分場面話和真心話。

各位可能想要吐槽說我就是在否定集體採訪，不不不，平心而論，有多少比例的人在集體採訪遇到「你有外遇嗎？」這種問題時，會如實回答呢？

如果覺得很難理解，也可以把問題改成「你有在使用藥物嗎？」。

集體採訪的方式存在一定的偏見。提問有深淺的差異，但無論是誰，都不敢冒險誠實回答。

許多公司的行銷部都會毫不在意地做這種調查，但每次看到這種情況，我都會真心想說「這家公司真的沒問題嗎？」、「這間調查公司真的沒問題嗎？」（沒有說出口）。

我換一個問題。

如果有人在不熟的同事面前問你「你尊敬你的主管嗎？」，你會怎麼回答呢？

若是真的尊敬那位主管另當別論，即便事實不是如此，也會回答違背真心的答案。這就是我想說的。

即便根據以這種方法蒐集到的資訊為基礎開發新服務或事業，**市場也不會有所反應**。畢竟並沒有掌握真實的訊息。

然而，各位可能會覺得這些虛假的訊息，用圖表展示看起來會很厲害。不過只是看起來很厲害，實際上幾乎沒有任何意義（經驗談）。

而且，我實在是看不慣那些畢業於著名大學的大企業員工，在遇到「○○綜合研究所」等智庫或外國顧問公司的調查結果，便會一臉認真地假裝理解，並輕鬆地表示「原來如此」、「確實」。這種行為無疑是在落實「落伍的日本」。

希望閱讀這本書的各位，能夠成為對那些訊息表示「**所以又怎麼樣？**」的人。

不是希望各位挑剔、批評別人蒐集的訊息，而是希望各位**能夠分辨訊息有無價值**。

要取得輝煌的成果，就必須抱持著懷疑的態度面對一切。

為此，也有一種方法是，試著想像自己現在使用的服務，是以什麼樣的調查為基

產生偏見的原因

執著於
一直以來的觀念
不依據客觀
的事實
輕視舊物
在掌握全部
資訊前思考
往往認為
「多數意見」
才是正確
依賴自己的
知識和記憶
以結論
為前提思考

礎開發而成的。

以嬰兒車為例，是對誰問了什麼問題才開發出來的呢？應該不可能是問說「您不想讓孩子受傷」吧？

就去汙效果顯著的洗衣精來說，又是向誰提了什麼問題呢？（應該不會是問「您希望把衣服洗乾淨嗎？」這種問題）。

為了避免引起誤會，必須補充一點，我絕對不是說市場調查不好。

只是希望各位能夠意識到應該使用的時機和方法。

此外，還希望根據提問的內容和回答的反應，來判斷一個人的能力，看這個人究竟是能幹與否。

◎「出發點」終究是對方

接下來要介紹的是蒐集資訊的方法，以及如何辨別是否為應該獲取的資訊。相信各位可能會說：

「就算蒐集到有用的資訊，制定符合顧客需求的企劃，如果主管不滿意也毫無意義。畢竟只有主管點頭，才能通過企劃。」

你應該會煩惱，要怎麼樣才能既不用看主管臉色，又能夠提供市場需要的商品。

從結論上來看，不能只靠正確的道理來一決勝負，**請多看看主管的臉色。**

我似乎聽到有人在說「我已經聽不懂你在說什麼了」。

我再說一遍。

「確認事實而非意識」。

務必堂堂正正地看公司旁人的臉色。

因為世界上不僅有利他主義的人，還有更多想要受到肯定的人（事實）。這是我市場調查的結果，也就是Ｆａｃｔ（學歷史也能夠看出這點）。「察言觀色的能力」與「企劃通過的能力」8成是有關聯的。

遺憾的是，並不是所有人在工作時，都抱持著想讓世界變得更好的想法。有些人真心為了改善社會而認真工作，甚至不惜犧牲自己。就我的感覺來說，這種人大概只占2成。**其他8成的人在工作時大多優先考慮自己的地位、名譽或是出於保守的原因（只要穩定賺錢即可）。**不過，我並不打算否認這些人，也不悲觀。我的看法是，人類可能從很久以前就是這個樣子。

也許隨著年齡的增長，這種想法會更加強烈。我也有所自覺，與年輕時相比，逐漸朝著這個方向變化。

因此，如果你想要滿懷熱情和想法讓社會往好的方向改變，在發動改革前必須讓這些「不想冒險的人」也站在你這邊。

更何況，要通過企劃根本不可能跳過這些人。我也是花了很長一段時間才理解這一點，但我覺得這就是不得不接受的事實。

另一方面，**如果你連這個關卡（自利的決策者）都無法征服，就不可能做到贏得顧客芳心的行銷。**

各位想說什麼呢？是在任何情況下，行銷絕對不會阿諛奉承，會一心**「思考對方想要什麼」**嗎？不對，在商業界這是必要的。

LESSON 7

超越邏輯思考，進行橫向思考

本章將要介紹戰鬥的「擂台」。
為什麼比起著名的法國料理主廚製作的高級料理，媽媽煮的料理反而進入「喜愛料理」的排行榜上？
在大家周圍的「擂台」外，也許也正在展開不同的戰鬥。

和叔叔突然的道別後，經過了許多年，現在達也成為商品企劃部的部長。

他學到了什麼？又做了什麼呢？

最後，在不知道歐吉桑真實身分的情況下就這樣過了25年。沒錯，已經過了長到足以讓一個上班族還完房貸的時間。

從那之後，日本修建電動滑板車的專用道路，終身雇用制度澈底瓦解，開始流行味道陌生的咖啡。

「知名度不高，但咖啡因含量毫不遜色，咖啡飲料——玉露。」

城市大樓的大型電子廣告看板上，出現了這句話與使用類似透明玻璃材料的瓶子。

「部長，您有聽到剛剛問的問題嗎？」一位後輩問我。

「哎呀，抱歉，剛剛不小心恍神了。那個，我們說到哪裡了？」

「關於飲料市場的動向變化。」採訪人員說。

「比起咖啡和能量飲料相比，玉露飲料在現今占據了大部分的飲料市場。請問為什麼會在上班族習慣喝咖啡，大學生流行喝能量飲料時，推出使用添加玉露的新茶呢？」

「因為我們**將注意力放在人們的『觀點』**，每個人喝含有咖啡因飲料的動機各不相同，有些人想要集中精神，有些人則是想從昏昏欲睡中打起精神不是嗎？同時，有很多人在喝咖啡和能量飲料後，苦於牙齒沾染著色劑或蛀牙等問題。」

而且這些一邊拚命工作，一邊與睡意抗爭的人往往會忽視身體的健康狀況，於是我就在思考，是否可以活用茶葉裡的兒茶素來預防疾病。

『不會蛀牙、牙齒也不會被染色，還可以順便做到健康管理，不知道有沒有符合上述條件的含咖啡因飲料』，於是注意到了咖啡因含量高，含有兒茶素的玉露。」

與歐吉桑分別後，我把從歐吉桑那裡學到的行銷思考法當作基礎，在企劃部中創造出熱銷商品。雖然爬到現在這個位置也是花了不少時間。

2年前決定親自與飲料廠商合作推出飲料產品——玉露飲料，結果大受歡迎。現在已經到了每個人都天天消費購買的程度，店面每天都會鋪貨。我今天接受了關於該產品的採訪。

「您認為創造新文化需要什麼呢？」採訪人員詢問。

「要**親身體驗、了解至今的文化**。例如，要將2月14日是情人節這一文化改成『閱讀日』也許會很困難，但必須先了解人們是如何度過情人節，並親自體驗看看。」

「那在開發產品時，您最重視的是什麼呢？」

「我認為，比起委託調查公司，最重要的是**傾聽市場真實的聲音**。」

過去歐吉桑對我說的話，我至今還記得一清二楚。

「想請問這次產品的概念是什麼呢？」

我笑著說。

「簡單來說就是『自虐』，注意到不合理的地方。例如便利商店經常發推表示『不小心訂太多，請大家多多購買』，這也是很優秀的行銷手段。

咖啡因含量高的飲料基本上價格都不低，再加上玉露的成本也相當高。咖啡因界已經有咖啡和能量飲料這兩大巨頭，執意要踏入那個世界太過有勇無謀，因此，我們將這一弱點納入企劃中。

還意外地發現過去顧客的想法：**在家也能夠喝茶，而且價格還比自動販賣機便宜。**為此，我們還得思考有什麼理由，可以讓顧客覺得非得在自動販賣機購買。」

儘管是比喻，實際上與法國廚師進行料理對決時，我當然也不可能獲得勝利。人家推出鵝肝料理，我這個廚師在旁邊隨心所欲做的義大利麵料理，要怎麼贏呢？因此我必須走下擂臺，反其道而行，用生蛋拌飯來一決勝負。

一開始的活動是針對咖啡因消費量大的學生世代，在他們昏昏欲睡準備上課前免費發放飲料。他們當時正流行能量飲料和時髦的飲料，即便提供免費的「玉露飲品」，他們也沒抱什麼期待。

頂多只會想說「拿到免費飲料好幸運」，然而，**愈是不期待，後期就愈容易往上反彈**。反之亦然，這是很久以前一位歐吉桑教我的。

我們輕描淡寫地對大學生說「請不要把這個商品傳到社群網站喔！」，接著一再拜託負責這門課的教授讓我們做一次展示。

當天，邀請了深受學生歡迎的歌手，開始突襲演唱表演和宣傳活動，當時的影像之後還用在廣告上。

大明星的到來讓大學生們興奮不已，他們已經完全不記得之前叮囑的「請不要把這個商品傳到社群網站喔！」。

隨即，玉露飲料開始熱銷，這位著名歌手的歌曲《誰說要在同一個地方戰鬥》也成為當年的熱門歌曲。

哎呀，不好，現在還在接受採訪。對方問我「在規劃產品時最重視的是什麼？」。

「要想辦法了解大眾的心情。

如果住在高樓大廈，開著進口車，在高級餐廳用餐，結果會如何？我認為我根本無法完成迄今為止的所做的企劃。」

「我想說個題外話……」我說了這句話。

「以前我一直對於自己沒能提出獨特企劃而感到自卑，不喜歡普通的自己。

儘管乍看下是弱點，對於企劃部開發商品和進行真正的行銷時，普通卻是不可或缺的特質。因為身為一個普通的人，我知道普通人的感受。」

「你說普通是自卑感，但那真的是自卑感嗎？」

我到現在才了解當時歐吉桑說的話。

「最後……您有感謝的人嗎？」採訪人員繼續說。

「進入公司第3年遇到的打掃歐吉桑。」

我笑著回答後，周圍的人都嚇了一跳。

採訪結束後，外面的天空已經降下暮色。

「啊！這是敝公司的產品！」我將產品拿給採訪人員。

「對了，我之前有說今天我們公司有舉辦派對，那我們稍後在現場見。」

我想起今天的行程。

當天晚上到達會場後發現，會場已經聚集了大約100人。現場有總神奇的氣氛，而且只有我一個穿西裝。

「文化創造者派對」這名字聽起來真厲害。

當我想著可能是走錯會場，準備離開時，聽到有人說了一句「請等一下」叫住我。回頭一看，發現是白天的採訪人員。

「會場就是在這裡。」那個人說。

「是嗎？但是有很多穿得很有個性的人呢！」我邊說邊環顧四周。

其中最引人注目的是穿著小丑服的老爺爺，是裝扮成主辦公司的吉祥物嗎？

從會場裡的人來看，似乎是邀請了各行各業的人，有將受歡迎的文具流行到各地的人，也有傳播節約文化的人等。

我指著小丑問「那個人是哪位呢？」，採訪人員說「那個人啊……有點特別呢……他是普及『很多事物』的人。」但在我看來，所有人都很特別。

到了開場時間，響起主持人的聲音「今天的嘉賓是將萬聖節等各種社會文化普及的人！」。

會場人聲鼎沸，接著，小丑老爺爺打了個招呼。

「嗯……今天我想談談裝扮文化和人們的情感變化的關係。首先，行銷並不是做廣告、拍照，更基本的是人的感情……哎呦！說不下去了！這種話大家應該都覺得無聊吧？」

說完這句話，小丑老爺爺就離開了會場。

無聊啊……不知為何我想起進公司3年什麼都不懂得自己。

過一會兒，小丑老爺爺走回來。

「讓各位久等了，我剛剛從自動販賣機買了這個。」他邊說邊拿起罐裝咖啡，向在場的人展示。

「聽到罐裝咖啡，大家應該都覺得很『懷念』吧？畢竟現在是『玉露』的時代。**懷念就代表現在已經沒有那個文化，或是那個文化正在逐漸消逝。**今天，讓我們來聊聊過去流行罐裝咖啡這一文化的事情吧！」

咖啡文化？

「為什麼上班族會喝咖啡呢？」

腦中想起那天歐吉桑說的話。

「在自動販賣機剛普及還不久的時候，我是自動販賣機的業務。

但是，卻根本賣不出去，因為自動販賣機裡的飲料和現在不同，幾乎都是甜的飲料，不太適合上班族。

有一天早上，我一邊喝咖啡一邊看報紙的時候想到，喝咖啡讓人神清氣爽，相信各位都還記得那種感覺。

如果在工作中喝咖啡，不僅提神還能夠提高注意力，換句話說，我覺得上班族需要咖啡。

首先，我在公司內部確認咖啡的需求後，決定更換自動販賣機的菜單，從而帶起咖啡的流行。

我召集認識的公司員工，發熱咖啡給他們，當然這個咖啡是我親手泡的。

即便只是滴漏式咖啡，泡起來也很麻煩。我也有考慮分發的順序，先是發給銷售成績不錯的人，接著在3個月後放在辦公室，任所有人取用。於是，有一半以上的員工開始會在工作中喝咖啡。

嗯，就這樣『喝起來很麻煩，就不會有人喜歡』、『人總會想模仿自己憧憬的人』，就**與他人交流時用的是同一套方法**，要讓某樣東西流行，使某個文化確立，只是將與他人交流當作與市場交流而已。

話就不多說，今天就說到這裡。我再強調一次，行銷是只是將對他人的溝通，轉成對市場而已。」

小丑老爺爺……不對，打掃歐吉桑說了這些話。因為裝扮成小丑，完全看不出他的真正的模樣，但從他的說話方式、自由奔放還有對行銷的想法，我可以確定他就是

打掃歐吉桑。我想起25年前的那個休息室。

「啊！今天我那個改變咖啡文化，帶起『玉露』文化流行的弟子也在現場。

我想對他說一句話。

『謝謝你展現了行銷的本質，小哥』。」

會場響起熱烈的掌聲，同時還傳來「也說萬聖節的故事！」的聲音，甚至開始喊起「萬聖節！萬聖節！」。總覺得歐吉桑也是很辛苦。

現在不是發呆的時候，我得去找歐吉桑。正因他穿著小丑裝，馬上就找到了。一般這種感動的重逢，不是要出現為了找到那個人到處奔走的場面嗎？我一邊想著一邊走想小丑老爺爺，喔不是，是打掃歐吉桑。

「歐吉桑！」我拍拍了他的背。

「唷！小哥，你來得正好。掀起露玉流行的行銷部長到現在還忘不了以前的咖啡文化嗎？你剛剛也喝了咖啡吧？」

「為什麼你會這麼覺得？」

「你看這裡」歐吉桑指了指我的袖子說。

「你在會場很緊張，所以買了罐裝咖啡對吧？因為太過著急，噴到衣服上了。」

「咦？」我看向袖子。

「開玩笑的啦～我騙你的！其實是剛剛看到小哥在自動販賣機買了咖啡。」

「嚇我一跳，不要嚇我啦！」我和歐吉桑就如25年前般。

「彷彿回到那個時候呢！」

「你已經不是那個『行銷只適合有才能的人』的小哥了。」

「能展現出從您那裡學到著知識真是太好了。」雖然已經不是「小哥」的年紀了。

雖然是感動的重逢，但萬聖節的呼聲愈來愈大。

「話說，歐吉桑，跟我講講萬聖節的故事吧！」

「好吧，但是這個會場讓人無法安心。我在這個派對講了好幾次同樣的話，大家還是很好奇。要聊天的話，還是去狹窄一點，有大眾料理的店比較好。」

「要不要去那家烤雞肉串店？」

「好啊。」

說完後我們離開了會場。

出了會場，走在路上，像是俯瞰行人穿越道的建築物，上面的大螢幕正播放著「玉露」的宣傳廣告。

STUDY

◎如何看待VUCA時代

為你準備的「戰鬥擂臺」可不只一個。

在最後一章的解說中，我要告訴對於現狀感到苦惱、困擾、絕望的人一個好消息。

雖然有點突然，但我要舉個例子。

假設你是在商店街有家店面的蕎麥麵店老闆。你每天努力用傳統的製作方法，為客人提供美味且價格低廉的蕎麥麵。

然而，你的店面旁邊陸陸續續開了高級料理餐廳和外觀時髦的店，來蕎麥麵店光顧的客人愈來愈少。

接下來，**你會採取什麼樣的行動來增加來客數呢？**

要改成高檔路線嗎？還是改成時髦的裝潢？

這樣就會贏嗎？你嘆著氣表示「該怎麼辦才好……」。

請放心，現狀可以改變。

人會每天都吃高級料理嗎？

不僅花錢，胃也會覺得累。

周圍的人（＝外部環境）正在逐漸改變，只有適應競爭的市場才能夠取得勝利。

最後一章要說的就是這個話題。

5年前，你能夠想像未來全球會陷入COVID-19疫情嗎？

你能夠想像2022年下半年起日幣會貶值成這樣嗎？

你小時候的時候能夠想像，日本的經濟會差到被各國超越嗎？

後來，媒體出現一些所謂的專家，他們對經濟動向、流行和各種訊息發表評論。應該很多人都想吐槽「根本是在放馬後炮」吧！

另一方面，現在是**VUCA**（Volatility、Uncertainty、Complexity、Ambiguity的縮寫）的時代。隨著科技的進步，隨之而來的變化也會增加。人類不可能預測所有相關的變數，以及交互作用後產生的變數。

變化點愈多預測的精準度就會愈低。因此「現在是難以預測未來的時代」這句話是Fact。

從反面來思考Fact，**即便沒有資本能力，也增加了能夠透過創意點子一發致勝的機會。**

這就是當今的時代，即靠自己就能創造「戰鬥的擂臺」。而且擂臺上的對手愈少，勝率就愈高。關鍵在於，如果想贏得戰鬥，首先就要由你自己創造擂臺（＝市場。）

◎尋找「應有的形象」和「現狀」的差距

接下來要說明的是，要如何自己創造市場。

其中一個建議是，**找出並提供世界上尚未賦予給人們的功能性價值。**

以某個快時尚F公司為例。F公司在創立時，人們對衣服的期待價值，以及服裝廠商向人們提供的價值中，大多是對於「外觀」和「地位」的認知。

簡單來說，就像汽車一樣。市場充斥著許多昂貴的名牌衣服，相反地，快時尚給人一種廉價又不低等的印象，很少有廠商重視衣服的功能性，利如是否好穿、穿起來是否舒適等。

但現在呢？無論是人們對廠商的期待，還是廠商提供的商品，都包含「舒適」這一新的功能性價值，像是即使寒冷，穿起來也不會很厚重的衛生衣或羽絨外套。

人們會從哪裡感受到價值？

如果將人感受到的「價值」分解成要素，
基本上可分為兩者，分別是「功能性價值」與「情緒性價值」。
此外，功能性價值在創造市場時更容易普及。

功能性價值

指「方便且有效果的價值」。就汽車來說，現在已經普及的動力轉向和自排變速箱的技術等。附上動力轉向，使汽車轉彎更加容易；自排變速箱汽車推出後，駕駛不需要操作離合器，對很多人來說，駕駛這一技術變得簡單許多。

情緒性價值

指「人的情感感覺帶來的價值」。不一定會與「方便」或「有效」這2個詞彙有關。以汽車來說，適用於外觀和設計。「帥氣」、「土氣」這2個要素，在汽車販售中，是影響最大的情感因素。除此之外，「漂亮」、「美味」、「有趣」等，情緒價值存在於各種商品和服務中。

在思考功能性價值時，往往會忘記情緒性價值，反之亦然。請記住價值有2個方面，不要忘記自己現在追求的是什麼。

這家公司發現了新的功能性價值，並提供這個功能，從而創造了新的市場（換言之，結合、改善了衣服的負面因素——舒適性和防寒功能）。

而且掌握了要如何以低廉的價格提供功能性高的衣服，成功推出與其他服裝廠商完全不同的價值。不是在高價名牌衣服這一擂臺戰鬥，而是開啟便宜、舒適、質感好的新擂臺。

這個創新案例也符合該公司的理念：「改變衣服、改變嘗試、改變世界」。（這個公司在招募活動上也奉行這一理念，大概有意表示不採用在公司混日子的人，所以才提出「招聘管理者」的口號。這確實是在試圖改變常識。）

尋找功能性價值的方法是，**蒐集日常生活中「用自己的角度」發現的「咦？」**（市場調查絕對無法發現），**想出點子**，並**最大限度地採取行動來實現這些想法**。

◎是否覺得不能顯露出弱點呢？

以下來回顧方才提到的「玉露」案例。

商品企劃部的達也決定開發茶的新商品，他在大叔鍛鍊其發想方法後覺醒了。

「是否有可能創造出一種茶來取代咖啡和能量飲料呢？」

年輕人愈來愈不愛喝茶，忙碌的現代人喜歡喝咖啡因含量高的咖啡和能量飲料。如果繼續這樣下去，茶市場會愈來愈小，難道就沒辦法插足咖啡等飲品壟斷的市場嗎？

因此達也思考。

首先是了解人們喜歡喝的咖啡和能量飲料。（最不應該做的是**否定現狀**，肯定自己的想法，**硬是將自己的想法強加於市場**。只有藝術界才允許將個人的想法強加於市場，我們製作的是商品和服務，大家能夠區分兩者的差異嗎？）

接著達也分析了現狀。

【咖啡的負面要素】

- 牙齒會染色
- 灑在衣服上會產生斑點
- 喝太多可能會有口臭的問題
- 喝太多可能會有貧血的問題（單寧這一物質引起）

【能量飲料的負面要素】

- 許多商品都有添加砂糖，攝取的熱量容易過量
- 易造成蛀牙
- 含有許多食品添加物，長期飲用恐會造成健康上的問題
- 女性拿在手上看起來不太適合

達也進一步考量「玉露」反過來能夠提供的機能性價值。

- 兒茶素的殺菌作用
- 兒茶素的抗癌作用
- 茶胺酸的放鬆效果（抑制咖啡因帶來的興奮作用）

達也的想法是，利用玉露才有的機能性價值，來彌補壟斷咖啡因市場的飲料的負面要素，並進一步消除以往人們對茶的不滿。於是，他想到一個點子。

「有益於健康且咖啡因含量高的茶」

【特徵】

- 兒茶素的殺菌作用（靜岡縣有用茶漱口的習慣，實際上的研究數據也顯示流感發病

率較其他地區低）

- 零熱量
- 不使用食品添加物
- 不使用砂糖
- 與至今添加玉露的茶不同，是以高級玉露為主而製作的茶（為茶帶來品牌價值）

接著，在廣告中大膽強調玉露的缺點，廣告詞是『知名度不高，但咖啡因含量並不遜色，咖啡飲料——玉露』

聽起來是不是有點怪怪的？

為什麼不寫一些相較咖啡和能量飲料的優點呢？

那是因為，**即便寫了，也沒辦法抓住大眾對玉露的「第一印象」。**

首先要做的是吸引大眾的注目，為此就需要弱點（但並不是所有的案例都適用，在突出弱點的方法上必須留意）。

弱點是不好的嗎？

是不好，不能展示給周圍看的部分嗎？

不對，**弱點是一種特色**，想怎麼用都可以。

此外，一般會拿咖啡和能量飲料來「市場比較」嗎？

應該不會吧？無論是F公司還是玉露都是自己創造了一個新的擂臺，在那個擂臺上沒有對手。就玉露來說，並不是加入至今擺脫睡意的咖啡因商品戰場，而是既可以有益身體健康，又能確保咖啡因攝取量的另一個市場，甚至還與以往的茶做出區隔。

為了避免誤會在此聲明，**並不是說只要自己創造市場，做著與其他人相反的事情**

即可。也不代表只要做出引人注目的事情就可以。

有些公司是很引人注目，但最終對市場毫無影響。單純的引人注目不過是用金錢購買知名度，只是自我滿足罷了。

相反地，**無論是潛在還是明面上，留意人們的需求，不正面與之交鋒，而是從其他角度進行攻擊。**這就是省略戰鬥的一種戰鬥方式，也就是有意義的策略。

◎用最短路徑解決問題的最終兵器

在這個「省略戰鬥」的基礎上，達也使用的思考法就是「**橫向思考**」。最後來介紹一下這個思考法。橫向思考是一種不拘泥自己的想法、固有的觀念，以及一般「常識」，以新的想法瞬間解決問題的思考法。

擺脫思考的紅海

假設有一張紙標示著 A 點和 B 點，
請畫出連接 A 點和 B 點的最短路徑。

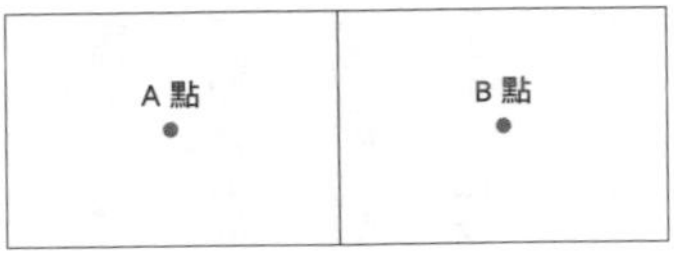

一般想法

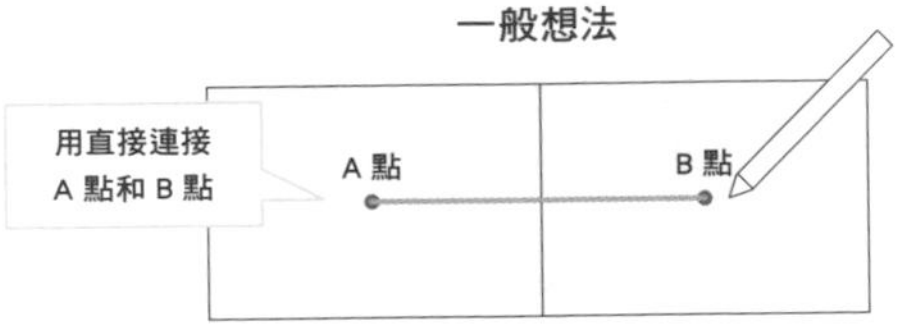

注意問題中的「假設有一張紙標示著 A 點和 B 點」
後仔細思考。

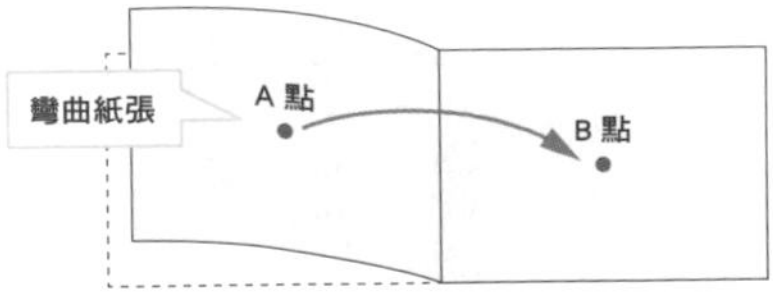

重點在於正確、簡單地解讀，找出切入口。

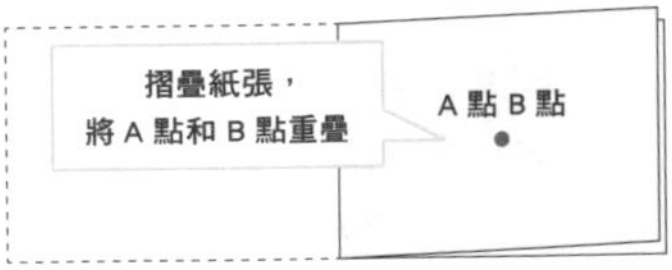

不是從正面，而是嘗試思考如何抄近路。

換句話說，就是在不漏掉任何資訊的情況下，想到最快捷的方法來解決問題。

我自己就曾用過橫向思考來解決自己注意到的某些問題。

舉例來說，我第一本著作的書名是《トヨタの会議は30分》。閱讀過這本書的人應該都知道，那本書與其說是會議書，不如說是一本以商務場合緊密溝通為主的訣竅書。

當然，裡面也有提到會議，但書中的內容並不是專門介紹會議的技巧。那為什麼書名要叫做《トヨタの会議は30分》呢？

那是有別於書中內容的原因。

敝公司是一家專門從事管理顧問的公司，為客戶提供組織管理、提高生產率的諮詢。然而，敝公司還是個小公司，因此要解決客戶問題（尤其是生產性的問題），只能逐一仔細地改變想法和結構，並傳授技術訣竅。

但以這種方式，不可能提高日本全境的會議效率，即使敝公司在未來50年繼續努力，但我們每年最多也只能跟10家公司合作，總計也只能改善500家公司。不可能增加日本全境的會議效率。

這就是書名的由來。因為在剛好的時機受邀寫書，我想說**或許可以藉由書名一舉改善日本的生產率（尤其是會議效率）。**

其中也參雜著我的直覺，版元出版社像是要涵蓋日本經濟新聞和ＪＲ東日本全線一樣，大規模鋪設宣傳廣告，所以我認為這個響亮的標語有機會讓我利用這本書，對提高日本的生產率做出重大的貢獻。

也就是說，這是**為了影響到不買書的客層（只看廣告的人）制定的橫向策略。**

結果，之後請一家調查公司進行調查，發現該戰略取得了超出預期的效果。根據以最為保守的方式估計的結果，得到「每年」好幾兆規模的經濟效果（成本降低效果）。

假設所有日本公司的會議時間的平均是1個小時，如果縮短了一半，確切來說，冗長的會議減少，再加上有更多人質疑至今的會議常識，沒有什麼比這個更令我開心的事，對顧問來說這是最大的幸福。

以上是我自身橫向思考的經驗。也可以從歷史上看到各種橫向思考的應用方式，例如諸葛孔明的草船借箭、織田信長戰勝今川義元的桶狹間之戰等。

◎超越邏輯思考的極限

在進行橫向思考時必須重視的視角有4個：

①留意「不」

②思考「為什麼」

③讓理想的狀況更確切

④摸索解決方案

尤其是④摸索解決方案階段需要「靈感乍現」，這在**邏輯腦中很難產生**。

一切都取決於是否將自己的小小的意識內化。

甚至還有案例是，藉由更改高中制服的設計來增加應試人數。

書籍的封面設計也會影響銷量。

這只是我的假設，但能打動大眾內心（注意到大眾內心動向的重點）的大概是①對「不」異常敏感。

也許孔明是因為半夜走在田間小路上，看到稻穗晒乾的樣子誤以為是人嚇了一跳，因此才想出草船借箭的點子（我的想像）。

如果能將日常瑣碎的發現內化，也許就能制定一套策略，刺激市場（運作）。

以上是關於橫向思考的介紹，最後的最後，再讓我告訴大家一件很重要的事情。

無論要走到哪裡，都要考慮最終用戶的心情。

就算是Ｂ２Ｂ（企業對企業）也一定會有最終用戶在等著你。

購買產品的即是客人。

人的日常行為並不能輕易改變，因此，我認為沒有什麼比改變那些人的價值觀更有趣的事情。

即便自己的功勞不為人知，也沒有比自己刺激市場這一事實更有趣的事情。

如果接觸歷史和許多資訊後，只是感嘆「原來如此」，那就單純只停留在知識淵博的階段。

你應該要做的是，**用自己的方式思考透過這本書學到、獲得的知識。**

接著，**以獲得訊息為基礎，反覆不斷摸索和經歷失敗，直到成功為止。**我認為，這不僅是對行銷，對所有商業人士來說，都是取得巨大成就的必要條件。

此外，身為一名社會人士，我認為必須將自己的獲得知識、訣竅和想法當作「一種訊息」毫不吝嗇地共享。而且還要秉持著「加倍奉還」、「知恩圖報」的精神來做這件事。

後記

感謝您閱讀到最後。

看完這本書覺得如何呢？

「像行銷一樣思考」是否對各位有所幫助呢？

不只是行銷，不管從事什麼行業，最終都得具備「自己思考並設法解決的能力」。現在已經正在轉變為**不重視知識，而是以這種智慧決勝負的時代。**

在這本書，我以一個必須從無到有的職業——企劃職為例。就如同我在前言所說的，此行銷思考力在任何工作上都能夠成為武器。

尤其是擔任管理顧問時，會遇到許多不擅長從無到有思考的客戶。這可能與至今的應試教育有關，但是正在快速發展的世界各國並不會停下來等待這樣的日本。

我至今不僅接觸過活躍於日本和世界第一線的商業人士，還見過藝術家、演員、運動選手，我認為取得優秀成果的人，都有一種共同的思考方式。

就是**本書所介紹的「行銷思考」**。

為了在激烈的競爭中脫穎而出，幾乎所有人都會「**確定努力的方法後再努力**」並順利獲得成果。

懷疑現狀、懷疑常識、尋找自己的戰鬥方式。

我見到許多這樣的人。

另一方面，在日本，社會新鮮人進入大企業後就能夠安穩做到退休，這一老舊觀念早已不復存在。也許是從昭和後期到平成，這個國家的環境太過友善。

近年來，有不少對未來感到不安的年輕人，但是自己的人生只能自己想辦法。與職業運動員一樣，商業人士也逐漸必須面臨「成果主義時代」。在這種時候能夠依賴的只有自己。

而且正因為是這樣的時代，出版社才會與我討論希望出一本「看清時代的『備戰』書」，我對此深有同感，於是這次寫了這本書。

如果這本書能夠在各位的人生中稍微派上用場，我會感到非常開心。

最後，希望購買這本書的讀者都能過上不受任何事情威脅的幸福生活。

山本 大平

山本大平

策略顧問／企業輔導顧問

2004年以新人身份加入豐田汽車，參與Lexus、Corolla、iQ等車型的開發工作。曾在豐田集團舉辦的數據科學大賽中獲得冠軍，並獲得副社長表彰和常務役員表彰。
後來轉職至TBS（東京放送），在《日曜劇場（如《半沢直樹》）》、《SASUKE（忍者大戰）》、《紀錄大獎》等TBS重點節目中成功進行多項品牌重塑。
隨後在安永（Accenture）擔任管理顧問，並於2018年創立了管理顧問公司F6 Design。進一步改進了豐田式問題解決方法，開發了基於統計學的獨特行銷法。擅長於企業/事業的新產品開發、企業品牌重塑、AI應用等領域提供諮詢。近年來，專注於組織管理和人才培養等人事領域的諮詢工作。
歷任或兼任過多家企業的重要職位，包括Accordia Golf執行役員兼CMO、DMM.make AKIBA戰略顧問、SCENTMATIC株式會社CMO等，從大型企業到新創企業皆有豐富經驗。

F6 Design株式会社 https://f6design.co.jp/
Voicy チャンネル https://voicy.jp/channel/3328

插畫：大野文彰

內耗到底，還是「不夠好」
學習行銷人的思考品味

出　　版／楓葉社文化事業有限公司
地　　址／新北市板橋區信義路163巷3號10樓
郵政劃撥／19907596 楓書坊文化出版社
網　　址／www.maplebook.com.tw
電　　話／02-2957-6096
傳　　真／02-2957-6435
作　　者／山本大平
翻　　譯／劉姍珊
責任編輯／吳婕妤
內文排版／洪浩剛
港澳經銷／泛華發行代理有限公司
定　　價／380元
出版日期／2024年8月

國家圖書館出版品預行編目資料

內耗到底,還是「不夠好」：學習行銷人的思考品味 / 山本大平作 ; 劉姍珊譯. -- 初版. -- 新北市 : 楓葉社文化事業有限公司, 2024.08
面 ;　公分
ISBN 978-986-370-700-4（平裝）
1. 行銷管理 2. 創造性思考 3. 職場成功法
496　　113009430